JN191846

南東アラスカ先住民のくらしと生態系の保全

奥田郁夫 著

農林統計協会

はしがき

なぜ『南東アラスカ先住民のくらしと生態系の保全』なのか

この本を手にとってくださった「あなた」は，本書のタイトルに，少なからず疑問をお持ちになるかもしれない．その疑問は，まずは「なぜ，南東アラスカを対象としたのだろう」という点であり，さらにまた「なぜ，先住民のひとびとなのだろう」という点にあるのではないか，と思う．そこで，「はしがき」においては，それらの疑問にできるだけ応えたい，と考える．そして，潜在的な読者である「あなた」に，できれば本書の一部だけでも目を通していただければ，と願うものである．

まずは「なぜ，南東アラスカを対象としたのだろう」という点について，である．

アメリカ合衆国の成立は，西部開拓にその基盤があった．ホーム・ステッド法によって創出された自作農のひとびとが，その開拓の担い手となった．しかしながら，19世紀末頃までには，この開拓はほぼ終焉を迎えることになった．そして，その間の歴史は，原生自然という資源の濫用の歴史でもあった．アメリカ合衆国は，世界で初めての国立公園（イエローストーン国立公園）を設立したことで知られているが，それは，当時西部地域を探査に出かけたひとびとの危機感が反映されたものであった．もうこれ以上，開発にともなって自然環境が損なわれてはならない，という判断があった．「保護すべき自然」を保護し，後世に継承すべきであると考えたひとびとがいた，ということである．

時代は下るが，クリントン政権（1993～2001年）の副大統領アル・ゴアは，環境政策を重視した．ゴアは，地球温暖化対策に熱心であった一方，国内においては，公有放牧地（国有林野）の生態系の保全のために，家畜の過放牧をどのように管理すればよいのか，などの課題に熱心に取り組んだ[1)]．

このようなアメリカ合衆国の国有林野保全政策を研究する過程で，筆者は *Federal Register*（「（編年体）連邦行政命令集」）（連邦官報）に記載された法令などにおいて，アラスカ州を例外とする場合が多いことを知ることになった[2)]．

そして，このことは，アメリカ合衆国の中でアラスカ州が独自の位置を占めていることを物語っており，これが，わたしがアラスカ州に目を向けるきっかけとなった．かつ，アラスカ州内でも，とりわけ温帯雨林にあり豊かな自然に恵まれた南東アラスカを対象とすることになった．アラスカ州は，アメリカ合衆国全体から見ても，残された最後の大いなる自然，ともいうべきものである．その詳細に関しては，本書を参照していただければ，と考える．

つぎに「なぜ，先住民のひとびとなのだろう」という点に関して，である．

たまたま1970年の夏からほぼ１年近くを過ごすことになったモンタナ州において，当時テレビ映画などでしか見ることのなかった西部開拓の実像の一端を知ることになった．たとえばモンタナ州では，カスター将軍が最後を迎えることとなった戦場跡（リトル・ビッグホーン川流域）を訪ねる機会を得た．また，滞在することになったビリングス Billings という町のはずれでは，その頃なお，インディアンのひとびとが狩りに使ったやじりを拾うことができた．

以来，旧48州（アラスカ州とハワイ州を除く）におけるインディアンのひとびとの歴史に，関心を持ち続けてきた．後日読むことになった，藤永茂『アメリカ・インディアン悲史』（朝日新聞社，1974年）は，アメリカ合衆国がイギリスから独立する頃以降，先住民のひとびとが経なければならなかった苦難の歴史を記述したものであった．そして，アラスカでは先住民のひとびとは，どのようにくらしてきたのだろうか，ということが気にかかることになった．アラスカ州内の先住民のひとびとは，1959年のアラスカ州成立以降も，土地の配分を確定されておらず，かつ，その配分を機に，旧48州とは異なるやり方で自分たちの経済的自立を図ってきた経緯も知ることになった．

さらに，その経済的自立をめざした活動が，どのような結果に結びついていくことになったのか，それらの詳細についても，本書の本文をご参照いただければ，と思う．

以上，本書のタイトルには，先住民のひとびとへの長年の関心を込めて，生態系保全政策という側面から，南東アラスカを対象とし，その歴史を検証してみたいという，この10年ほどの筆者の研究上の願いが込められている．

注

1）Klyza, Christopher McGrory, and David Sousa (2008) *American Environmental Policy, 1990-2006*, The MIT Press.
2）奥田郁夫(2010)「アメリカ合衆国における国有林野保全政策について」『農林業問題研究』46(1)，pp.94-99.

目　次

序章　本書の課題と構成

アメリカ合衆国・南東アラスカ地域は，ザトウクジラをはじめとしたその豊かな海洋生物と雄大な氷河地形で知られ，地中海，カリブ海とならぶ世界三大クルーズ寄港地として有名である．リアス式海岸の島々をぬってめぐる大型旅客船の旅は，ところどころ立ち寄ることになる港でのオプショナル･ツアーも含めて，非日常的な自然景観を享受できるものである．

この地域はまた，1867年にアメリカ合衆国によってロシアから購入される，はるか以前からさまざまな先住民がくらしてきた土地でもある．アメリカ合衆国の成立そのものが，先住民との土地をめぐる対立の歴史であったように，アラスカもまた，その例外ではなかった．

アラスカの自然のなかでくらし続けてきたひとびとにとっては，その自然条件こそが自らの生存条件である．むやみにその自然を損なうことは，みずからの生存を脅かすことになるので，自給自足的な生活にはさまざまな制約条件が課されてきた．しかしながら，ひとたび自給自足的な生活を離れ始めると，ひとびとの自然への関心の在り方も変わっていく．

自然を保護することは，もしその地にひとが住んだことがなく，住んでもいなければ，困難なことではない．しかしながら，まったくひとが住んだことのない場所は，この地上にそう多くはない．それゆえ，自然を保護するために，国立公園などを設定しようとすると，公園内を狩猟や漁労などに使ってきたひとびとと利害が衝突することになる．このことは，途上国と先進国とを問わない．しかも，そのような場合の対立関係においては，両者の溝は容易には埋めがたいのが実情である．

本書は，1872年に世界で初めて国立公園を制定したアメリカ合衆国を事例として，西部開拓が終焉を迎えた19世紀末頃以降，自然の「保護」と「保全」のふたつの考え方が，どのような経過を経て形成され確立されるに至ったのか，さらに，アラスカ州を事例として，1950年代以降の国有林および私有林の開発の歴史を検証することによって，これら二つの考え方の対立関係がどのように進むことになったのか，明らかにしようとするものである．

第一次産業以外の産業基盤の乏しい南東アラスカでは，1959年に州となって以降，連邦政府と州政府は，国有林を主としてパルプ材として活用することによって，州内の雇用および州政府の財政の安定化を図ろうとしてきた．また，先住民のひとびとは，紆余曲折を経て所有することになった私有林の資源を活用して経済的自立への道を探ろうとした．これらのことが，自然保護を標榜するひとびととの間に摩擦を生んだ．その経緯および帰結を明らかにする．

本書の構成を述べておきたい；

第１章では，理念的な「保護」preservation と「保全」conservation の定義を行う．そして，第１節においてジョン・ミューア John Muir の，また第２節においてギフォード・ピンショ Gifford Pinchot のそれぞれの人生を振り返りながら，19世紀から20世紀初めにかけての期間に，この二つの考え方が，この二人の人物によって形成されるようになった経緯を検証する．とくに，第３節では，二人が関わることが多かった，森林の保護と保全をめぐる当時の論争にその対象を限定して考察する．ミューアは，シエラ・クラブ Sierra Club の創設者のひとりであり，また，ピンショは農務省森林局の長官を務めた人物である．

第２章および第３章では，先住民所有の森林（私有林）における開発の経緯およびその結果について論じる．

第2章では，1960年代に入って，土地の配分にともなって，先住民のひとびとが「株式会社 corporation」を組織することによって，自分たち自身の経済的自立を実現しようとするに至る経過を検証する．

第3章では，そのような先住民の企業活動のうち森林開発を対象として，その経過および結果について述べる．地域会社程度の規模がないと，持続可能な森林管理は難しい，ということが明らかになる．

第4章では，1950年代のパルプ生産に始まった南東アラスカ・トンガス国有林における本格的な森林開発が，どのような経過を経て保全を重視する林業政策へと転換していくことになったのか，その経緯を明らかにする．

第5章では，2000年代に入り，国有林においても私有林においても，森林開発が縮小過程に入り，より持続可能な森林管理が重視されるに至る経過を検証する．

第6章では，第2章で述べた，「1971年アラスカ先住民の請求にもとづく継承的不動産設定法」Alaska Native Claims Settlement Act（ANCSA）によって先住民のひとびとが組織することになった先住民企業による森林開発や鉱物資源の開発にともなう乱開発を恐れたひとびとが採ることになった対応を，「1980年アラスカ・ナショナル・インタレスト・ランズ保全法」Alaska National Interest Lands Conservation Act（ANILCA）の制定に至る経緯を検証することによって，明らかにする．

第7章では，先住民のコミュニティ会社のひとつである，フーナ・トーテム・コーポレーション Huna Totem Corporation が，森林開発から撤退してから始めることになった観光開発について検証する．

第一次産業以外に，産業基盤の乏しいこの地域において，先住民のひとびとにとって，くらしを立てていくすべは多くはないのが現状である．漁業あるいは観光業関係の仕事に就くか，さまざまな政府・自治体関係の仕事を探すか，鉱山業などで働くために出稼ぎをするか，さもなければコミュニティを出るか，である．若年層は，教育機会を求めてひとたびコミュニティを後にすると，もどらないことも多い．日本の過疎地域とほぼ同様の経済環境にある．ただ，出稼ぎの場合に注目しなければならないことは，南東アラスカの各コミュニティは，島々に分散しているため，そのほとんどが道路で直接つながることがない，という点である．ありうる交通機関は，小型飛行機かフェリー，あるいは小型ボート，さもなければカヤックである．そのため，日々の通勤という概念は成立しにくい．家族と過ごす時間を重視するならば，身近な仕事を探すしかないが，その際は，自給自足的な狩猟・漁労も家計を担う重要な要素となる．

以上の実証分析によって，南東アラスカにおける森林の「保護」および「保全」の対立関係がどのように展開することになり，また，その結果，森林の「保護」および「保全」が，私有林および国有林の両者において，どのように考えられるに至ったのか，明らかになる．

アメリカ合衆国は，ヨーロッパ世界からみれば「新世界」であった．それは，ピンショが19世紀末頃にヨーロッパで学ぶことになった森林管理にも妥当し，森林の乱開発を経験したドイツなどにおいては，その「保全」はピンショが訪れた当時すでに森林管理の要諦となっていた．そのことを学んだピンショが望んだ森林管理は，しかしながら，アメリカ合衆国に根付くのに長い時間を要することになった．とりわけ南東アラスカにおいては，ピンショの森林局長官在職から100年という年月がかかることになった．

第1章　アメリカ合衆国における自然の「保護」と「保全」思想の源流

本章では，自然の「保護」と「保全」のそれぞれの思想の源流を，アメリカ合衆国の19世紀後半から20世紀初頭の時期を中心に検証する．具体的には，この同時代を生きたシエラ・クラブ創設者のジョン・ミューアと農務省森林局長官を務めたギフォード・ピンショの二人を取りあげる．この二人は，それぞれ「保護」および「保全」思想を体現することになった代表的な人物である．かつ，この二人が，活動をともにした時期があったこと，および，にもかかわらず立場を異にすることになった経緯を詳細に検証することによって，これらふたつの思想の本質的な違いは何か，実証的に明らかにしたい．

これまでに二人の交友関係を検証した先行研究としては，ミラーMillerなどがある．また，ミューアに関しては，本人の著作が多く，詳細な伝記的分析としてもバーデBadè，ウルフWolfe，コーエンCohenなどによるものがある．さらに，ピンショに関しては，編集された日記や本人の著作などの文献がある．これらをふまえた上で，保護思想と保全思想の本質に迫りたい．その場合に，ミラーに学びつつ，とくに1891年：森林保護区法の成立年頃から1914年：ミューアの没年にかけての時期を中心に論じる．ただし，二人の保護と保全をめぐる対立について，二人の考え方の違いを「再生可能な資源」と「再生不可能な資源」の二つの場合に分けて論じる．この点は，ミラーによって明確には触れられていない．以上によって，二つの思想が形成されていった経緯を明らかにすることができる[1)]．

以下本章では；

第1節において，ミューアの保護思想を育んだものはなんであったのか，彼がシエラ・ネバダ山脈にたどり着きそこで「神の手」をみるに至る経験を中心に，検証してみたい．

つぎに，第2節においては，ピンショの保全思想の形成過程について，その生い立ちにさかのぼって検討する．

さらに，第3節において，そのような二人の出会いと立場を異にするに至る経緯を具体的に検証することによって，二人の考え方の違いを通して，保護思想と保全思想とが本質的に異なったものとして，社会的に明確に認識されるようになっていく過程を検証したい．

ミューアとピンショの二人は，その出自，生い立ちに始まって，人生の目標ともいうべきものも大きく異なったが，二人の人生における共通点もあった．それは，1859年にダーウィンによって著された『種の起源』によって，キリスト教における創造主としての「神」の存在を，どのようなものとして自己の内面に位置づければよいのか，二人それぞれに悩みが生じた点である．

『種の起源』は，神学あるいは聖書に代わって「科学」scienceが「生物としての人間」を説明することが可能な時代がきた，ということを意味した．そのような，時代の大きな過渡期に，二人は自らの思想を形成することになった．ただし，ミューアは1838年生まれ，ピンショは1865年生まれで，27歳の年齢差がある．ミューアは，植物学botanyおよび氷河学・雪氷学glaciology（氷河形成理論）（あるいは，地質学geology）にその才能を発揮し，ピンショは，合理主義rationalism，功利主義utilitarianism，あるいはプラグマティズムpragmatism，どのようにその思想を呼ぶのがふさわしいかは別として，その才能を合理的な森林資源（再生可能な資源）の管理managementに現すことになった．

ミューアは10代の頃から，発明の才を開花させたが，22歳で家を出，30歳（1868年）でヨセミテにたどり着き，翌年にはシエラ・ネバダ山脈で初めて羊の放牧 sheperd の仕事に就いた．それまで，常に念頭にあったのは，ウィスコンシン Wisconsin 大学の同級生から手ほどきを受けた植物学であった．また，シエラ・ネバダ山脈で，さらに後年にはアラスカにおいても，氷河形成の実態を実証的に分析するに至ったのは，その背景に，同じくウィスコンシン大学でエズラ・カー Ezra Carr から学んだ地質学と，それを通じて学ぶことになったルイ・アガシ Louis Agassiz の氷河学があった[2)]．

とくに植物学は，当時，神学的世界観を越えて形成されつつあった実証的「科学」の方法論，思考形式に依拠したものであった．

ミューアとピンショにとって，聖書の教えとは異なった進化論によって可能となったこの現実世界への理解は，単純に考えれば「神なき世界」へと二人を導く，と考えられる．しかしながら，少なくともミューアにとって話はそう分かりやすいものではない．

シエラ･ネバダの山系にくらす中で，「神の手」が見えたミューアにとっての自然は，エマソン Emerson が示唆する「自然を越えた存在としての神」を想起させるものとして現前する．この神は，ミューアの父が厳しく教育してきた聖書主義にもとづくものではない．強いていえば，母やジーン・カー Jeanne Carr に体現される「許し（癒やし）」を備えた「神」である．そのような「神」とともに「自然（シエラ･ネバダの山系）」にある自分自身（ミューア）は，まさにエマソンが語った理想としての宗教的世界観に限りなく近づいた存在であった．ミューアがエマソンを，そしてソロー Thoreau を敬愛したのは，そのような個人的な経験が，すでにエマソンが記述していたテキスト（書物）に限りなく近づいた，あるいは，テキストを自らの体験と重ね合わせることができた幸運によるところが大きかった．

ただし，後述のようにエマソンとの間には，その自然観にちがいがあった．

他方，ピンショは，一時期キリスト教の教えるところと，進化論の理解の両立について悩むことになった．しかし，留学から帰国し，政治の世界に身をおくようになってからの著述の中に，ミューアのような宗教的な体験などを読み取ることはできない．ピンショは，どのようにすばらしい景観を前にしても，今日多くの観光客がそうであるように，グランドキャニオンは「美しい」とはいうものの，その美を詩的に表現しうることばを持たない．その美しさを日記に記したとき，残念ながら，ピンショの感動はわたしたちの理解の範囲内にある．ミューアがシエラ・ネバダ山脈での体験を，詩的に表現することによって，他のひとびとに伝えることにもまして，自らの精神をあるがままに記録しようとしたこととは対極にある．

そして，第4節では，「何が保護されるべき自然なのか」という問いをめぐって，1897年基本法 Organic Act をめぐる議論を経ることで初めて，1964年ウィルダネス法 Wilderness Act が求められるようになった点について触れておきたい．第5節では，ミューアが保護したかったセコイアについて述べ，セコイアに対するピンショの考え方についても検討する．第6節では，ヘッチ・ヘッチーダム建設をめぐる二人の対立について検証する．

以下，本論での前提となる「保護」および「保全」の定義をしておきたい．

「保護」preservation とは，自然をあるがままの状態で維持・保存すべきである，という考え方である．

自然の中でこそ，ひとは神とともに在りうるので，その自然は保護されなければならない，というのがミューアのいう「保護」の本質である[3)]．

「保全」conservation とは，自然を価値あるものとして大切にしつつ，再生可能な資源であれ再生不可能な資源であれ，それらを管理することによって，その効率的で長期的な利用を保証しよう，とする考え方である．

ピンショは，森林保護区 forest reserve を設置することによって，森林の長期的で持続可能な管理が可能になる，という考えに至った．これが，「保全」の本質である[4)]．

以上の「保護」および「保全」という考え方のほかに，「自然を支配する人間観」ともいうべき観念があり，それはすなわち，一般的に商品生産者commodity producersにみられがちな自己利益優先で長期的な視点に欠ける，資源収奪的な考え方である．ピンショは森林経営に関わるこのような考え方に異を唱えた．

また，ミューアも資源収奪的な企業活動は好まなかった．たとえば，ヘッチ・ヘッチーダム Hetch Hetchy Dam を建設しようとする土木事業などがそうであった．

二人とも，私的利益のみを追求する経済活動には否定的であった．

ただし，本稿では，「自然」の定義として；自然⊇{[物的なモノ]＋[物的ではないモノ＝コト]}としておきたい．

具体的には，

[物的なモノ] としては，

・植物資源(たとえば，森林)＝再生可能な資源である．ただし，セコイアのように千年を超える樹木はときに再生不可能な資源とみなすべきであろう．

・動物資源(たとえば，魚類)＝再生可能な資源である．ただし，絶滅を危惧されるような種については，再生不可能な資源に近いと考えられる．

・鉱物資源Ⅰ（たとえば，石炭・石油のようなエネルギー資源)＝再生不可能な資源である．

・鉱物資源Ⅱ（たとえば，鉄のような金属資源)＝再生利用が十分進めば，再生可能な資源とみなすことができる．

[物的ではないモノ＝コト]

・景観＝再生不可能な資源である．

上記のような，再生可能な資源については，その管理による保全が可能であるが，そもそも再生が不可能であれば，その保全はできず，可能な限り「保護」（あるいは，効率的利用）に徹するほかない，ということになる．

以上について，表１－１にその概要を示した．

表１－１　再生資源と非再生資源

再生資源 renewables：植物と動物(魚類) flora and fauna (fish)			非再生資源 non-renewables：景観と鉱物資源 landscape and minerals		
森林 forests			景観 landscape		
保全 conservation	(過渡的 transitional)	保護 preservation		(過渡的 transitional)	保全 conservation
私有林 private forests		貴重種 invaluable (例)セコイア sequoias	絶滅危惧種が生息するような場所		私有地 private lands
州有林や連邦政府所有林 state and federal forests	国有林 national forests	貴重な資源 invaluable (例) セコイア，原生自然 sequoias wilderness	貴重な景観 invaluable (例) ヘッチ・ヘッチー渓谷 Hetch Hetchy Valley	ナショナル・インタレスト・ランズ national interest lands (*)	州有地や連邦政府所有地 state and federal lands
植物資源 (森林) 動物資源 (魚類)					鉱物資源Ｉ：石油・石炭その他鉱物資源 (再生不可能) 鉱物資源II：鉄など（再生利用が進めば再生可能資源）

注：(*)「ナショナル・インタレスト・ランズ」とは，国立公園 National Park，国立野生生物保護区 National Wildlife Refuge, 国立野生・景勝河川 National Wild and Scenic River, 国立景勝地 National Monument, および国有林 National Forest など，生態系の保護・保全（国益）のために，連邦政府が保有しようとする土地の総称である．

第1節　ミューアの「保護」思想を育んだもの：シエラ・ネバダ山脈での自然との一体化（「父なる神」から「母なる神」へ）

ミューアの思想の本質を，ひとことで表すことは容易ではない．試みに，彼の前半生をたどりながら，その精神の軌跡の中に，その本質を探ってみたい．

彼の人生を，「神」を求め続けた旅，とでも形容すればよいのだろうか．その旅は，スコットランドに始まった．厳格な父による聖書主義の仕付けは，ミューアの心に，たえず父との葛藤を生んだ．それは11歳で移住した(1849年)[5)]アメリカの地においても変わることはなかった．

父は，移住先のウィスコンシンの農場を残りの家族に委ねたまま，自身は福音派ディサイプル教会の宣教活動に励んだ．ミューアにとって辛かったのは，肉体的には農作業が過酷だったことであったが，精神的には父との考え方の相違が大きかったことであった．たとえば，父に聖書の字句通りの解釈を求められた点，などがミューアには受け容れがたかった．

22歳の時，結局家を出ることになった．ひとつの神の元を去る日が来たのであった．その日から，30歳でシエラ・ネバダ山脈にたどり着くまでの間は，たとえていえば，新たな神（信じるもの）を探しての求道の旅であった．植物学という進化論を携えての旅は，しかしながら，ミューアに純粋な科学への旅をもたらしたわけではなかった．

そして，旅の終わりにたどり着いたシエラ・ネバダ山脈で出会うことになったのは，母やジーン・カーのような，ミューアを守り，慈しみ，そして許し，癒やしてくれる新たな神であった．また，それはエマソンが理想として掲げた「自然を越えた存在」としての神に限りなく近いものでもあった．シエラ・ネバダ山脈でミューアに見えるようになった「神の手」こそは，父の教会を捨て去って求道の旅を続けざるをえなかったミューアの終着点であった．ここに，ミューアの保護思想の拠って立つ本源が定まるこ

とになった．

以下，詳細について論じたい．

表１－２　ジョン・ミューアとギフォード・ピンショ　関連年表

1838年	(M) スコットランド・ダンバーに生まれる．
1849年	(M) ウィスコンシン州に移住(11)．
1854年	ソローThoreau (1817-1862)『森の生活』
1859年	ダーウィン『種の起源』
1860年	(M) 家を出る．
1865年	(P) コネティカット州・シムズベリ Simsbury, Connecticut に生まれる．
1868年	(M) シエラネバダ山脈に着く(30)．
1871年	(M) ヨセミテ Yosemite でエマソン Emerson (1803-1882) と会う．
1872年	イエローストーン国立公園
1879年	(M) 初めてアラスカを訪れる．
1889年	(P) ナンシーNancy の国立林学校 L'Ecole Nationale Forestière に留学する(24)．
1890年	ヨセミテ国立公園／セコイア国立公園／ジェネラル・グラント国立公園
1891年	森林保護法 Forest Reserve Act of 1891：森林保護区 forest reserve の設立を規定
1892年	(M & P) 初めてニューヨーク州・アディロンダックで出会う（友人の紹介）． 同年　ミューアはシエラ・クラブ Sierra Club を創設(M54　P27)．
1893年	(M) コンコードを訪れ，エマソンとソローの墓 (Sleepy Hollow) に花を手向け，ウォールデン湖 Walden Pond を訪れる(55)．
1896年	(M & P) 国有林委員会 National Forest Commission が発足し，ピンショはその書記になる(31)． オブザーバーのミューア(58)と調査をともにする機会があった．
1897年	基本法 Organic Act ピンショが内務省の特別森林職員 special forest agent
1898年	(P) ピンショ；農務省森林課課長となる Chief of the Division of Forestry (in the Department of Agriculture) (33)． (P) サーキュラー21 Circular 21 (M) 森林管理とウィルダネスの保護とは相容れない，と考えるようになった (Miller, p.138)．
1899年	(M & P) 8月；二人はカリフォルニア北部で5日間を過ごす(M61　P34)．
1901年	サンフランシスコ市のヘッチ・ヘッチーダム Hetch Hetchy Dam 開発計画が本格化．
1903年	(M) セオドア・ローズベルト Theodore Roosevelt がミューアとヨセミテにお

	いて，３日３晩のキャンプを過ごす(65).
1905年	（P）森林局 Forest Service 発足と同時に，同局長官となる Chief of the Forester of the Forest Service (40). 同年，森林保護区 forest reserve も内務省から農務省に移管；1907年国有林 national forest と名称が変更された.
1907年	(M & P) カリフォルニアで，二人でヘッチ・ヘッチーダム建設について話し合った（１日）.
1910年	（P）ピンショ，タフト大統領によって解任される President William Taft (45).
1914年	(M) ミューア死亡(76).

資料：加藤則芳（2012）『森の聖者　自然保護の父　ジョン・ミューア』山と渓谷社，pp.373-378.
Biographical Timeline of John Muir's Life (by Sierra Club)
http://vault.sierraclub.org/john_muir_exhibit/john_muir_day_study_guide/biographical_timeline.aspx［Accessed Jul. 13, 2017］
Lewis, James G. (2005) *The Forest Service and the Greatest Good A Century History*, Forest History Society, p.237.
Steen, Harold K. (2004) *The U.S. Forest Service A History with a New Preface by the Author Centennial Edition*, Forest History Society in association with University of Washington Press, pp. 324-325 Appendix 1 Chronological Summary of Events Important to the History of the U.S. Forest Service.
Miller, Char (2001) *Gifford Pinchot and the Making of Modern Environmentalism*, Island Press, p. 138.
注：(M)：ミューア Muir（1838-1914），(P)：ピンショ Pinchot（1865-1946）
（　）内は，それぞれミューアとピンショの当該年誕生日の年齢.

（１）　ジョン・ミューア：「シエラ・ネバダ山脈において，終生自然の一部（木のような存在）としてくらすことを望んだ人物」

ジョン・ミューアをあえて一言で表すと「シエラ・ネバダ山脈において，終生自然の一部としてくらすことを望んだ人物であった」ということになる．これには説明が必要である．

ミューアはつぎのようにその願望を語っている；

「これらの直径が10 feet もある木は，長い年月を経たものであるに違いない－願わくば，これらのビャクシン junipers（柏槇：または，レダマの木；引用者)のように生きたい．照る日も雪の日も，テナヤ湖 Tenaya のほとりに立ち，千年の月日を生き続けたい．(そうすれば；引用者)わたしにはいかに多くを観ることが叶い，そのことはいかに喜び多きことであろうか．天国から降り注ぐ光のように，山々のあらゆるものがわたしを見いだして，わたしのもとに集うであろう」．この頃のミューアの表現は，まことに詩的だ（Muir, 1911：p.92）．

「千年の月日」ともいう長い年月を，木のような存在として，自然の一部として生きていきたい，という望みが何に由来するものであるのか，それを真に理解することは容易ではない．ただ，その願いには，「神の手」によって創られたと考えられてきた自然の一部になることが，ほとんど神となることと等しくみなされているかの印象を受ける．千年を超えて生きるというビャクシンやセコイアに仮託されたミューアの想いは，自らの生物としての限界を超えたい，という密やかな願いとも受け取ることができるのではないだろうか．

① 生い立ち

ミューアは，1838年スコットランド・ダンバーDunbar生まれの移民で，1849年（11歳）に家族そろってウィスコンシン州に来て，家族で農場を拓くことになった[6)]．

ミューアにとっての自然とはどのようなものであったのか知る上で，動物に対する想いについてもみておく必要がある．

子供時代を回想して，狩猟に関してミューアはつぎのように述べている；

「わたしたちの小麦畑では，近所でも，もっとも早く播種をしていた．鹿たちはすぐに種を見つけて，毎晩食べにきた．しかしながら，わたしたちが鹿の邪魔をしたのは，8，9年もたった後のことであった．デイビッドDavid（弟；引用者）が一頭の鹿を殺した．でもそれは，わたしたち家族の殺した唯一のものであった」（Muir, 1913：p.84）．

このことは，後年のミューアの行動にもよく表れている．

たとえば，シエラ・ネバダ山脈において羊の放牧に従事したときに，牧羊犬であるカルロCarloに対して「何一つ殺さないように，注意深くなければならない」と言い聞かせている（Muir, 1911：p.86）．

さらに，アラスカを訪れたときのこととして，ヤングS. Hall Youngによるつぎのような記録ものこされている；

「ミューアは，いかなる動物の命を奪うことに対しても強い嫌悪感をもっていた．かれは，調理された肉は食べたが，野生動物を殺すことはなかった．カリフォルニアを歩き回ったときにも，ガラガラヘビの邪魔すらしたことがなかった．かれのそのような心優しさは，アラスカの先住民に，いささかの不快感と大いなる驚きとをもたらした．というのも，先住民のひとびとが一群のカモや岸辺に立っているシカに狙いを定めようとしているときに，ミューアは（彼らが乗っている；引用者）カヌーを揺らすことを楽しんでいたからであった」（Young, 1915：p.68）．

また，ミューアは；

「すべての強健で元気いっぱいの男の子たちは，野蛮である．きわめてひどくて，ずぶといものがもっとも野蛮であり，その子たちが狩りや釣りを好む．しかしながら，思慮に欠けた少年時代が過ぎると，これらすべての残虐な，肉と楽しみのための所業は過ぎて，善がもっとも高い価値を与えられるようになる．また，野生の基礎となる動物たち wild foundational animal が，日々に殺められては神に召されるにつれて，思いやりの心が成長していく」とし，みずからの成長をふりかえるかのような記述を残している（Muir, 1913：p.89）．

②　ミューア　家を出る

ミューアは，宗教的に厳格な父親と合わず，22歳で家を出た．

ミューアの父親は，福音派ディサイプル教会の信者で，日常の生活規範についても子供たちに厳格な仕付けを行っただけではなく，宗教上も聖書の字句通りの受容を求めた．

当時ミューアが父ダニエルにどのように仕付けられていたか，についてバーデはつぎのように述べている；

『ジョン・ミューアがいうところの「不服従や単純な冗談の物忘れのあらゆる行動に対する古いスコットランド式のむち打ち」は，ウィスコンシンの原生自然の中においても，ダニエル・ミューアによって続けられた．…（中略；引用者)…

しかしながら，むち打ちは，それらがどれほど厳しいものであったとしても，(農場で；引用者)求められた過度な，身を粉にするような作業に比べれば，その影響はたいしたものではなかった』(Badē, 1924：p.26).

また；

「彼らの努力は報われた．新しい家は，ウィスコンシン州ポーティジ Portage に設けられた．そして，そこから父のダニエル・ミューアはカナダや中西部にひとりで長期の福音伝道に出かけていった」(Badē, 1924：p.14).

③　南北戦争を避けて

南北戦争に参加せざるをえなくなることを避けるために，ミューアは1864年にはカナダに向かう．ミューアにとって，戦争への荷担は，敵味方互いに傷つけ合わねばならないことを意味し，それは忌むべきことであった．この辺りの事情や，その後，シエラ・ネバダ山脈にたどり着く1868年(30歳)までの曲折に関しては，加藤則芳によって，詳しく述べられている(加藤，2012：pp.59-75).

(2)　神と進化論（科学）と：「神の手」が見えるまで

ミューアの青年期19世紀中葉は，大変大きな時代の変わり目であった．さまざまな産業上の技術の開発が進み，かつそのような技術の裏付けとなる自然科学・技術の分化・発展がみられた時期であった．さらに，精神世界にも，大きな変動がみられた．たとえば，1859年に発刊された『種の起源』は，キリスト教的世界観に重大な変更を求めることになった．ミューアは，そのような時代に生きることになった．

①　植物学 botany との運命的出会い

植物学との出会いは偶然やって来た．その事情を，バーデはつぎのように記録している；

『1863年のある春の日，彼（ミューアのこと；引用者）の友人の学生グリズウォルド M.S. Griswold が，（ウィスコンシン大学の；引用者）北講堂 North Hall（当時は学生寮だった；引用者）の階段のところで偶然に出会ったミューアを引き留めた．それは，彼（グリズウォルド；引用者）が頭上の枝から採ったニセアカシア locust の花だった．それは，ミューアにとって運命的な瞬間だった．彼（ミューアのこと；引用者）は植物学についてはなにひとつ知るところがない，と告白した．そこで，グリズウォルドは，ニセアカシアの分類上の類縁関係に話を進めた．そして，その会話が終わるまでには，ミューアは彼にとって新たな科学の，魂をうばわれるような洞察力にとらわれていた．彼は，後日回想録に「このすばらしい教えは，わたしを魅了し，わたしを森や草原へと誘い，わたしを激しく熱中させた．…（原文ママ）わたしはあらゆる機会に，気ままに歩き，湖の周りを回る長い遠足に出かけた．そして，標本を集め，自分の部屋のバケツに入れ新鮮なまま保存した．通常の講義の課題を仕上げてから，夜にそれらの研究を行った．というのも，わたしは，自分が見た植物の輝きに目を閉ざすことなどなかったからであった」』（Badè, 1924：p.55）．

②　神と進化論

さらに，ミューアの進化論への傾倒に関してバーデは；

「自身のプロテスタントとしての信仰の本質的な部分を損なうことなく，ジョン・ミューアは，間違いなくリベラリズムの側に立つことに共感した．彼は，直ちに，またきわめて自然に，自然科学の分野において聖書は信頼すべきものではないし，自然科学が事実関係と宇宙の現象を説明するにしたがって，思考の他の領域において人類の進歩をしるした人間の知識は，だんだんと進展していくという見解を受け入れた」と判断した（Badè, 1924：p.88）．

それゆえに，ミューアと聖書を信仰する父親との間に，和解の余地はなかった；

「ただ父とジョンとの確執だけは，結局とけないままだった．父はジョンの学んでいる学問を最後まで認めようとはしなかったのである．地質学や植物学などは不敬であり，ましてや進化説的科学方法論は神への冒瀆だ，というのが父の主張だった」（加藤，2012：p.81）．

以上から，ミューア Muir にとって植物学は，進化論へのひとつのアプローチであったこと，また，進化論との出会いによって，狭義の聖書主義から自由になることができたことが分かる．自然界は，神の創造物であるかもしれないが，人間はダーウィンのいう進化の結果として，この世界に誕生したものである，ということにミューアは確信がもてるようになった[7]．

③ ［許さざる神］と［許しを与える神］

以上のような経緯を経て，ミューアは父の教える「古い神」から離れることになった．

だからこそ，「新たな神」との出会いを，シエラ·ネバダ山脈で迎えることができた．エマソンの信じた，神と自然と人間の一体化について，より深く考えられるようになった．後述するように，それゆえにこそ，エマソンはミューアに会うことに喜びをうることができた．

ミューアにとっての「神」は，父親が体現していた「厳しさ」だけの存在ではなく，自分自身の母親やジーン·カーが体現していたような「母性」を有する存在であった．このように考えれば，ジーン・カーとの，出会いから続いた関係性も理解可能となる[8]．

また，ミューア自身がロバート・バーンズ Robert Burnes の詩を暗唱していたこともバーデによって明らかにされている．このことが，ミューアの初期の文体が詩的であることを説明してくれる；

「書かれたり話されたりしたことから，ジョン（ミューア；引用者）には，聖書の各章やロバート・バーンズの詩を暗唱できる，という際だった能力があったことが分かる」（Badè, 1924：p.15）．

いつも自分を受け入れてくれて，「あるがままに」とミューアのあり方をそのまま認めてくれる存在，それこそがミューアが必要としていた「神」であった．だから，シエラ・ネバダ山中にひとりのときにも，そのような

「神」とある限り，孤独ではなく，ひとりであることができた．そのようなミューアの「神」の依り代ともいうべきものが，ビャクシンやセコイアのような巨木であった．神のごとく千年を越えて生きることができる存在，そのような自然と一体化することが彼の望みであった[9]．

そうであれば，ミューアにとって，真に貴重な自然を代表するセコイアなどの巨木を私利私欲のために伐採することは論外であった，という理解が可能となる．

それこそが，シエラ・ネバダ山脈においてミューアが会得した「保護」の本質であった，といわねばならない．

また，第２節で述べるピンショには，ミューアのいうような「神の手」との出会いがあったようには考えられず，むしろ進化論を受け入れた結果，旧来の日常的な信仰対象としての神からより自由になり，「自然に優越する人間」観とも言うべき世界に赴くことができたように考えられる．

さらにまた，ミューアには，つねに厳しく教義を説く父親がいて，そのような父親に対する強い反感があった．しかしながら，ピンショには，そのような否定すべき存在としての父親はいなかった．両親ともに，ピンショの成長を見守り，そして支援し続けることができるだけの，十分な資産にも恵まれていた．

④　シエラ・ネバダ山脈での日々の観察にもとづく氷河地形形成理論

植物学と並んでミューアが力を入れることになったのが，シエラ・ネバダ山脈での日々の観察にもとづく氷河地形形成理論に関する科学的な実証分析であった．アラスカへの数度の旅においても，同様の実績を積んだ[10]．

たとえば，ミューアは，シエラ・ネバダ山脈における氷河地形について，つぎのように述べている；

「もっとも抵抗が大きく風化の跡のみえない表面の部分ですら，強固に平行に刻み目がはいり，損傷を受けている．そのことは，その地域が北西からの氷河によって，すべての山塊が削り取られ，刻まれ，磨かれて，不思議な自然のままの拭き取られたような外観を呈していること，および，氷河期の終わり頃，氷河が溶けた際に，運ばれていた大岩 boulders であれ何であれ，が置き去りにされたことを示している」(Muir, 1911：p.55).

ミューアは，このように，観察した知見にもとづく帰納的推論に秀でていた．このような資質は，若い頃から，さまざまに示されてきた．

⑤ 若きミューアの「発明」について

少し時間をさかのぼることになるが，ミューアの発明の才能に関して補足しておきたい．

それは，たとえば，自宅を出てまもなく，州の「農産物品評会 state fair」に出展した「発明品」が受賞したことにも示されていた[11].

また，後年世話になることが多かったジーン・カー(エズラ・カーEzra Carr の妻) との出会いもこの「農産物品評会」であった．ジーン・カーは1860年の品評会の審査員を務めていた．さらに，その縁で，ミューアはウィスコンシン大学のエズラ・カー教授から地質学を学ぶことにもなった (Badè, 1924：p.84).

さらに，たとえば，その能力を見込まれて，1864年からトラウト氏 Mr. Trout の製材所 sawmill で働くことになった際にも，箒の手 broom handle の加工用旋盤を改良してその「自動化」automatic によって，生産性をほぼ 2 倍にした，という[12].

以上のような経験を経て，後に「1,000マイルウォーク」と呼ばれることになる徒歩での旅に出ることになった[13].

これは，1867年 9 月 1 日にインディアナ州インディアナポリスを出発し，メキシコ湾までの1,000 mile を徒歩で旅しながら各地の植生を研究する，というものであった (ミューア (熊谷訳)，1994：p.35).

この旅には，最終的に南アメリカ・アマゾン川を遡上する，という目的もあった．しかしながら，キューバから南米に向かう船便を見つけることができなかったため，また健康上の理由などによって実現には至らなかった．そのため，ニューヨーク経由でカリフォルニアに行くことにした，という (ミューア (熊谷鉱司訳)，1994：p.163).

「サンフランシスコに着いたのが(1868年；引用者) 4月1日ごろで，ぼくは1日滞在しただけでヨセミテ渓谷に出発した．…(中略；引用者)…

(たどり着いたシエラ・ネバダ山脈では；引用者)マリポサの巨木セコイアを眺め，ヨセミテの壮観を嘆賞した．…(中略；引用者)…空はあくまで澄みわたり，天使の息吹にふさわしい馥郁たる空気が辺りに満ちて，ひと息ごとに新鮮な喜びが胸に溢れた」(ミューア（熊谷鉱司訳)，1994：p.175)．

このミューアのシエラ・ネバダ山脈に対する第一印象は，彼を裏切ることはなかった．

とりわけミューアは，シエラ・ネバダ山脈にあるセコイアのような長寿命の木々を愛した；

『(シエラ・ネバダ山脈の；引用者) これらの高貴な森の「大いなる長（おさ)」は，セコイア・ジャイガンティーsequoia gigantea，または，大いなる木 big tree（原文ママ）である．世界中に，2種類のセコイアだけしか存在しないことが知られている．2種ともカリフォルニアにあり，うち1種はシエラにしか存在しない．他（sequoia sempervirens；原文ママ）は海岸山脈(コースト・レーンジズ Coast Ranges；引用者)にある．しかしながら，グリーンランドの第三期と白亜紀の岩石から5種類の異なった化石の種が発見されている．その保護に特別な推薦状をつけて，この高貴な木に注目してもらいたい』(Muir, 1876：p.630)．

このように述べて，シエラ・ネバダ山脈の特性を簡潔に表現して，その重要性を指摘している．

さらに，セコイアの保護についても；

「しかしながら，浪費とまったくの破壊がすさまじい速さですでに起こっていて，保護的な手段が速やかに考案され実施 enforce されない限り，この世界的に高貴な樹種は，数年で切り刻まれて，その傷跡だけが残ることになってしまうであろう」と言明した（Muir, 1876：p.631)．

また，ミューアはグランドキャニオンの景観に触れるだけではなく，その動植物の貴重性にも言及している．この動植物に関する言及は，後述するピンショとは異なる点である[14].

シエラ・ネバダ山脈で，ミューアはその自然の重要性について触れる一方で，ひとがなぜ自然を必要とするか，という点についてもその理由を述べている．すなわち；

「誰でも人は，パンと同様に，美を必要とする．また，自然が心身ともに癒やし，慰め，そして，耐える力をあたえてくれる，休みかつ祈る場所を必要とする」(Muir, 1912：p.814).

ここに，ミューアが，父の元を去り追い求め続けてきた「休みかつ祈る場所」をシエラ・ネバダ山脈において見いだすことができたことを知ることができる．自然の中に憩いつつ祈ることによって，本来のひととしての感性を取り戻し，美を糧とすることができたミューアの様子が端的に表されている．

ミューアの山での生活は，たとえてみれば修道僧のそれに近い．たとえば；

「7月7日－今朝は，少し虚弱で病気気味であり，一個 a piece のパンのことだけを思う．…(中略；引用者)…肉のないパンだけの食事で十分である．わたしは，幾度もの植物採集の旅で，そのことを証明してきた．紅茶すら容易に無視できる．ただパンと水と，喜びに満ちた労働が，わたしが必要とするものである－ただし，法外に多くではなく．しかしながら，人はどのような特定の食物からも完全に自立して，このようなすばらしい brave 野生における生活において鍛えられ，それを楽しむことができるようになるべきである」と述べている (Muir, 1911：p.43).

このようなミューアの理想的な生活に対する考え方は，その「保護」思想の根幹をなすものであるが，当時ですら，ささやかなふつうのくらしを望むようなひとびとの考え方との間に距離があったであろうことは推測に難くない．

また，ミューアにとって，シエラ・ネバダ山脈の山々そのものが，すなわち神殿 temple であった．その点について，ミューアはつぎのように説明している；
『丘や森が神の最高の神殿 temples であったことに，何の不思議もない．そして，それらが切り倒され，斧で切られて大聖堂 cathedrals や教会 churches になる．そうなると，神自身はより遠ざかり，よりおぼろげになる．わたしたちのキャンプ地の森の，東の方に，自然の大聖堂 cathedral のひとつがある．それは，自然のままの岩が削られ hewn，ほぼ伝統的な外観 form で，およそ2,000 feet あり，尖塔 spires や小尖塔 pinnacles によって高貴に装飾されている．そして，あたかも実際の森の神殿のごとく，それは太陽の光を浴びて感動的である．それが「大聖堂の峰 Cathedral Peak」と呼ばれるのはもっともである』(Muir, 1911：p.81)．

ミューアにとっての教会は，山々から切り出された木材によって町中に建てられた建築物ではなく，自然そのものにこそ存在するのであった．ひとは建築物としての教会に集い祈りを捧げるが，そこにミューアの神は不在である．

⑥　「神の手」が見える

では，どのようにしてミューアはシエラ･ネバダの山のなかで「神の手」が見えるようになったのであろうか；
「わたしが見てきたシエラのいかなる景観にも，真の意味での生気のない，あるいは単調なものなど何一つない．あるいは，工場などにおいて，ごみやくずと呼ばれるようなものはかけらもない．すべては完全に清浄で無垢であり，聖なる教えに満ちている．このあらゆるものに結びつけられた，すばやく避けようのない興味は，神の手が見えるようになるまでは，不思議なものに思える．神の手が見えるようになると，神の関心をひくものは，われわれの興味もひく，といえるようだ．…(中略；引用者)…詩人としての自然は，熱心な働き者で，われわれがより遠くへ，また，より高みへといくほど，より認識できるようになる．というのは，山々は源泉ではあるが，しかしながら，人知を超えた源(みなもと)へとつながる場所だからである」(Muir, 1911：p.87)．

以上の説明だけでは，ミューアがどのような状況で，どのようにして「神の手」が見えるようになったのかまでは分からない．しかしながら，ミューアにはそれだけで十分であり，そのことがミューアが神の存在を確信した，ということを意味した．

そして，ミューアは；

「わたしとしては，冬中ここ（ヨセミテ；引用者）にとどまりたい，あるいは一生涯でも，永遠にさえも」というのであった[15)]．

もう少し，ミューアの宗教性についてみてみたい；

「われらが佳き日には，あらゆるものが宗教となる．世界全体が教会であり，山々は祭壇である．そして，見よ，ついに大聖堂の前には祝福されたイワヒゲ cassiope がその幾千もの鐘を鳴らすが，わたしはかつてそのような甘美な教会音楽を享受したことがなかった」（Muir, 1911：p.139）．

このことが意味するところは，自然こそが宗教の源泉であり，ミューアにとってその信仰を維持する上で，新旧問わずキリスト教とその教会制度は必要とされない，ということである[16)]．

本節の最後に，タルメッジ Tallmadge の研究を参照しながら，ミューアとエマソンおよびソローとの関係性について，若干の考察をしておきたい．

たとえば；

「未開地への長い孤独な小旅行 excursions において，地形図やダウンの寝袋が普及する以前だったので，ミューアはブリキのカップと，少量の紅茶，一塊のパンと，一冊のエマソンの本だけを持っていったものだった」（Tallmadge, 1997：p.52）．

このことからも，ミューアにとってエマソンがいかに重要な人物であったかが分かる．

また，タルメッジはミューアについて；

「エマソンが自然に対して神学と聖書の解釈とをもって接近したのに対して，ミューアは植物学と地質学とをもってした」とも評している（Tallmadge, 1997：p.53）．

タルメッジは，ミューア研究中に，ミューアが所有していたエマソンの本と出会うことになった，という；
「これらの研究のさなかに，わたしは脚注に埋め込まれていた，ミューアが持っていたエマソンの本に関する言及に気づいた．そして，それは，どのような経緯によるのであれ，イェール大学のバイネッケ稀覯本図書館 Beinecke Rare Book Library にたどり着いていた．…(中略；引用者)…多くの節や句には，ミューアのすらりとした流れるような書体の注釈つきで，きちんと下線がほどこされていた」(Tallmadge, 1997：p.54)．

さらに，タルメッジは，その本を仔細に検証することで，つぎのような注目すべき見解を得るに至った，としている；
『エマソンが年老いてからミューアに忠実であったことは不思議ではない．ミューアはエマソンの理想を愛し，人生をかけてそれを実現した．そして，エマソンの熱心な勧めと預言によって，ミューアは物語を演じることになった．

にもかかわらず，わたしがミューアの残した痕跡を追っていくと，ところどころでミューアがエマソンの道筋を逸脱したことに気づいた．ミューアは，神聖に書かれたものとしての，精神の内在性と景観の意味と同様，自然の中に見いだすことができる美と喜びを取り扱った節にも注釈を付している．しかしながら，エマソンが自然は精神に向かう途上で超えられなければならない，と論じているような一節には印を付していない．ミューアは超越主義者 transcendentalist の階段を登ることを望まなかったように思われる．この世界は「日の光によって記載された神聖な象形文字(ヒエログリフ)」によって満ちており，ミューアにとってはそれで十分すぎるほどであった』(Tallmadge, 1997：p.54)．

ミューアはエマソンの忠実な理解者ではあったが，神と自然の関係に関する理解において，エマソンと見解を異にするところもあった，というのがタルメッジの解釈である．ミューアにとって，「神の手」が見えたことが重要であった，ということと関連づけていささかの推測をしてみたい．

シエラ・ネバダ山脈においてミューアが出会うことになった自然は，それが聖書にいう造物主としての神が，かならずしも手ずから創造したというわけではない，とミューアがある日認識するようになったと仮定すると，タルメッジのいう「エマソンが自然は精神に向かう途上で超えられなければならない，と論じているような一節には印を付していない」ことの意味がわかりやすくなるのではないか．あえて類型化するとすれば，観念的な宗教家としてのエマソンに対して，自然崇拝的なミューアといえるかもしれない．

ミューアにとって，『種の起源』が科学的に解明してくれた進化論は，神と人間との関係性を根底から覆すものであったはずである．ひとは神によって創造されたものではない，ということを，いかにしたら受け容れることができるのか，そして同時に，神はどこに在るのか，という設問がミューアの心にはあったはずである．ミューアにとって，植物学や氷河学がどれほど科学的知見を拡張してくれても，神を科学的に解析できる，ということにはならない．と同時に，シエラ・ネバダ山脈に広がる空間は，ミューアの理念としての神とその創造を表象するある種の象徴的存在であった．それゆえに，ミューアにとって，そのような自然景観は，ミューアの精神に宿る神へとつながるものであり，それゆえに自らの命に代えても守りたい，保護したいと考えるに至るほど重要なものであったのではないか．そして，それこそが，自然崇拝とでもいうほかないミューアの本質的な部分を説明してくれる，と考えられる．

さらに敷衍するならば，ミューアによって，神と自然とは分離され，それら二つのものが，別々の次元で感得されうるものとなった，ということなのではなかろうか．すなわち，ミューアにとっての信仰は，自身の内なる神との対話に存する，ということであり，かつ，自然とは自分自身と同じ起源を有する「同種のもの kin」である，という位置づけを得ることになる．このような神と自然の分離は，ひとと「同種のものである」自然の保護が，すなわち自分たち自身を守ることとしてきわめて重要である，ということを意味する．これが，ミューアがたどり着いた，進化論的世界観と両立可能な信仰の形ではなかったろうか．エマソンから学びつつ，エマソンとは異なった道を拓き，ミューアが歩むことになった20世紀以降へとつながる，新たな神と自然観のはじまりであった．

そのミューアは，ヨセミテでかつてエマソンと出会うことがあった．その際のこととして，クロノン Cronon はつぎのような記録を残している；

『ラルフ・ウォルド・エマソン（1803年生まれ；引用者）は，1871年5月に休暇でヨセミテに到着した．ミューアは，当初あまりに臆病で彼に近づけなかったので，エマソンの滞在していたホテルに，つぎのようなメモを残した；

「わたしは,聖なるヨセミテの向こうにある大いなるシエラの王国の高貴なる神殿におけるわたしのひと月の祈りに，あなたをご招待したい」．エマソンは，ミューアの再三にわたる参加への提案を断るが，ヨセミテ滝の近くにあるミューアのキャビン（山小屋）で会い，二人で渓谷を部分的に歩いて回った』[17]．

ミューアにとってエマソンは，尊敬すべき人物であったし，タルメッジがいうように，エマソンにとってもミューアは，エマソンの理論を実現してくれた重要な人物であったに違いない．しかしながら，両者には，既述のような距離があったことも事実であった．

これに対して，エマソンとは異なる形で自然と対したソローとミューアとの関係には，より親密なものがある；

『1893年6月，ジョン・ミューアはコンコード Concord のスリーピー・ホロウ墓地 Sleepy Hollow Cemetery を訪れ，ソローとエマソンの墓前に花を手向けた．それから彼はウォールデン湖を訪れ，しみじみと感慨にふけった．「ソローがここで2年間を過ごしたのはもっともだ．わたしなら，ここで二百年，いや二千年楽しく暮らせるに違いない』[18]．

ミューアは，ソローとその生き方に，より親近感をいだいていたように思われる．ただし，二人が存命中に出会う機会はなかった．

ミューアを語る上で欠かすことのできないローズベルト大統領との関係についても触れておきたい；

「(ミューアは；引用者) セオドア・ローズベルト大統領 Theodore Roosevelt がシエラの高地をめぐる旅を案内することに同意した；(1903年；引用者) 5月にサンフランシスコでローズベルトと待ち合わせ，彼とヨセミテを旅する．地元の政治家と公園管理官たちが準備した晩餐会は一蹴して，ローズベルトはミューアと二人だけで三晩キャンプをする．彼らは，グレイシャー・ポイント，ネヴァダ滝や，そのほかのところを探検する．ローズベルトは，連邦政府は公園の管理について全責任を引き受けるべきである，と納得して，ヨセミテを去った．ミューアはサージェント Sargent とともに，1903年夏にヨーロッパとアジアをめぐる旅に出た．彼らは，パリを経てフィンランド，そしてロシアへ旅した」(Cronon, 1997b：p.847)．

後年のヘッチ・ヘッチーダム建設をめぐる二人の関係については後述するが，ローズベルトは「わたしは，いつもエマソンがあなた (ミューアのこと；引用者) とキャンプに出かけなかったことを残念に思ってきた．あなたは彼を申し分なく心地よく感じさせたであろうし，彼はそのような体験をすべきであった」とミューアに書き送った，という[19]．

(3) (初期) ミューアがピンショと共有していた森林に関する認識：Timber is as necessary as bread.

ミューアの木材生産に対する考え方について，みておきたい；

「したがって，連邦政府は，ピンショ氏が示したように，許可証を与えることで森林を民間企業の所有に帰し，多かれ少なかれ，その急速な破壊に至らせることを拒んだ．しかしながら，政府の森林を遊ばせておくことはできない．逆に，それらを害することなく，できるだけ多くの木材を生産するようにしなければならない」(Muir, 1901：p.704)．

また；

「木材は，パンと同じように，必要なものである，そして，この事実を受け入れられなかったり，この必要性を適切に賄うことができなかったりするような管理手法は持続することはできないであろう」とも述べている（Muir, 1901：p.708）．

さらに；

「この2世紀以上にわたる嵐のような，野放しになってきたあらゆる浪費と消費にもかかわらず，まだ遅すぎる，ということはない．いまこそ，政府は政府所有の森林の合理的な管理を始めるべき時である．政府は，いまだほぼ7,000万 acre を所有しており，賢明に活用しさえすれば，国全体に十分である」として，その再生可能な森林資源に対する合理的な管理に賛意を示している（Muir, 1901：p.717）．

このような基本的な考え方にもとづいて，その実現に向けた方策についても触れている．具体的には；

「森林を自然の状態で，賢明な管理に委ね，破壊的な羊を締め出して火災を防止し，木材に適する木だけを選択して切り，そして，若木や低木，および草本性の植生地を保護すれば，このような森林は，まごうことなく富と美の源泉となるであろう」（Muir, 1901：p.718）．

以上のような見解を示しつつ，ミューアは自らが信じた「保護すべき特別な自然」についても論じている．既述の引用と重なる部分もあるが，さまざまな機会にミューアはセコイアについて触れている，ということを示すために，再度引用しておきたい；

「レッドウッド redwood（セコイアメスギ；引用者）は，海岸山脈の誉れである．…（中略；引用者）…この壮大な木－すなわち，セコイア・センパーバイレンズ Seqoia sempervirens－は，もしありうるとすれば，その類縁種であるシエラ・ネバダのセコイア・ジャイガンティーsequoia gigantea[20)]，あるいは Big Tree（原文ママ）にだけは大きさにおいて敵わないかもしれない．セコイアは，海岸山脈だけにしか分布せず，Big Tree（原文ママ）はシエラにしか存在しない」（Muir, 1901：pp.711-712）．

したがって，ミューアの見解は，一貫しており，資源として利用すべきものは利用し，とくに貴重なものについては保護する，ということになる．しかしながら，1896年にピンショと国有林委員会の西部調査に出かけた頃には，少し異なった発言もみられ，その点については後述する[21]．

以上のように，ミューアにとってシエラ・ネバダ山脈とその森林は，神とともに在りうるところ，であった．それゆえに，そのような自然景観を保護することの重要性は論をまたないことであった．と同時に，ミューアは，社会的な木材の必要性も認めていた．

以下で詳しく検討するが，1891年森林保護区法で規定された森林保護区についての取り扱いをめぐる議論が，保護すべき森林と保全すべき森林との区分を明確化することになった．それは，1897年国有林委員会の最終報告書において，であった．

ミューアが，どのような森や樹種を保護の対象とし，どのような森を保全の対象と考えていたのか，その区別については明確とはいえない．ミューアにとっては，彼が貴重であるとする森を守ることが重要であって，それが国立公園として保護されるのであれ，あるいは，森林保護区で保護されるのであれ，いずれでも構わなかった．

注

1）おもな文献として，Miller (2001)，Badè (1924)，Wolfe (1945)，Cohen (1984)，Steen (ed.) (2001)，や Pinchot (1910) などがある．

2）加藤 (2012)：p.69や，Muir (1875)：pp.618-628など参照．

3）ただし，ミューアは，とくに植物と景観について，保護を主張した．そのため，鉱物資源のような物的なものの長期的な利用については，あまり考慮していないように思われる．

どちらかというと，「自然」中心的な考え方，あるいは，自然と一体化した人間観である．さらに，国立公園などの観光開発(道路建設など)については，シエラ・クラブのひとびとも含めて，肯定的であった．これは，今日から見れば，少し違和感もあるが，当時としては，誰にでも享受できる自然が必要である，という考え方であったかもしれない．

4）ただし，自然の中でも，「景観 landscape」のように，非物的で再生不可能な資源については，あまり考慮されていない．

どちらかというと，「人間」中心的な考え方であり，自然に優越した人間観である．ただし，ピンショは，国有林の観光開発については，懐疑的であった．

その点について，たとえばスティーン Steen は，後年1937年の西部旅行時に；「ピンショは，国立公園は営業権許可業者に乗っ取られてしまった，と考えた．そして，オレゴン州のウィラメット国有林 Willamette National Forest にあるティンバーライン・ロッジ Timberline Lodge は，森林局の領域への進入の前ぶれではないか，と予見していた」としている（Steen, 2001：p.166）．

5）以下，ミューアとピンショの年齢は，それぞれ当該年の誕生日の年齢である．

6）子供時代のことは，Muir（1913）に詳しい．ミューアの伝記的文献としては，Badè（1924）や加藤（2012）が詳しい．

7）ただし，ダーウィン以来発展してきている「進化」に関する近年の考え方の一端については，中屋敷均（2016）『ウィルスは生きている』講談社，など参照．

8）ミューアの母について『彼（ミューア；引用者）は，書いている．「彼女（母；引用者）は，典型的なスコットランド女性であった．物静かで，控えめで，信仰心が篤く優しい性格で，絵を描くことと詩を好んだ」．これらに加えて，わたしたちは，興味深い事実を付け加えることができるかもしれない．彼の手紙によると，この母親は子供時代に詩を書いていた，という』（Badè（1924）：p.9（ただし，それぞれ地の文はバーデ，「　」内は，ミューアによる））．

9）興味深いことに，家を出た頃の手紙にはホームシック homesick ということばがみられる（Badè, 1924：p.82）．

10）このシエラ・ネバダ山脈の氷河地形形成に関する論争については，Muir（1875）や加藤（2012）：pp.152-173など参照．

11）ミューア本人の記録としては，「彼ら（州の農産物品評会 state fair のひとびとのこと；引用者）は，その品評会に出品されていたもののなかで，まんざらでもなかったわたしのものに，10ドルだったか15ドルだったかと賞状をくれた」（Muir, 1913：p.134）．ミューアが出品したものは，２つの木製の時計と温度計 two clocks and a thermometer であった（Muir, 1913：p.133）．

12）Badè, 1924 : p.79．ただし，トラウト氏の製材所の火災（1866年）のために，当時のミューアの資料は焼失してしまった，という（Badè, 1924：p.60）．

13）ミューア著（熊谷鉱司訳）（1994）参照．ただし，原本は，Muir（edited by William Frederic Badè）（1916）である．

14）Muir（1902）：pp.790-809参照．ただし，これは1869年の夏（６月３日から９月22日）の日記の記述である．

15）Muir, 1911 : p.129．ミューアの人となりは，つぎのような記述にもよく表れている；

「デラニー氏 Mr. Delaney が今朝到着した．彼がいない間，わたしは一片のさみしさすら感じなかった．その反対に，わたしは決して多人数の連れを楽しんだことはなかった．周りのすべての野生は活気に満ち，親しげで，慈愛 humanity に満ちている．岩たちは，まさに話し好きで，思いやりに満ち，そして親密である．われわれすべてが，同一の「父」と「母」を有するとみなすことに何の不思議もない」（同 p.131）．

16）ミューア以前のキリスト教的自然観の歴史的変遷に関しては，Cronon（1997c）参照．

17）Cronon, William, Chronology. In William Cronon (ed.), *John Muir Nature Writings*, The Library of America, 1997, p.841.
　エマソンは，高齢を理由に，周囲のお供のひとびとに，キャンプをするなどのことに反対されたのだった．

18）Sierra Club ; http://vault.sierraclub.org/john_muir_exhibit/people/thoreau.aspx［Accessed on May 25, 2017］.

19）Wolfe, 1945 : p.293. ただし，原文は，引用されたローズベルトの手紙中のことばである．

20）sequoia gigantea は，giant redwood，Sierra redwood，あるいは，セコイアオスギとも呼ばれる．

21）ミューアは1890年以前の記述として「いかなる国立公園にもセコイアの一種すら存在しない」としていた（Muir (1901)：p.713）．セコイアが育つヨセミテ国立公園や，セコイア国立公園およびジェネラル・グラント国立公園はいずれも1890年に設立された（加藤（2012）：p.279）．また，「こうして，キングスキャニオン水源域は，結局国立公園にはならなかったが，1893年にヨセミテ国立公園の境界線から南，セコイア国立公園までの，キングスキャニオン流域を含めた広大なバックカントリーが，森林保護区として指定され，連邦政府の保護管理のもとにおかれることになった」（加藤，2012：p.284）．

資料

Sierra Club, Timeline of the ongoing battle over hetch hetchy.
http://vault.sierraclub.org/ca/hetchhetchy/timeline.asp［Accessed Dec. 15, 2016］

第2節　ピンショの「保全」思想を育んだもの：祖父の世代の森林伐採に対する危機意識（父親から託された使命）

（1）　ピンショの生い立ち

①　出自

ギフォード・ピンショは1865年にアメリカ合衆国で，フランスからの移民三世として生まれた．その人間観は，ミューアに比べてわたしたちにはより理解しやすいものだ，といえるのではないか．それは「自然に優越する人間観」とでもいうべきもので，近代的な科学の成立とともに確立されてきたものといってよい[1]．

ピンショ一家は，1816年にフランスからニューヨークに到着し，ピンショの曾祖父コンスタンティン Constantine は，祖国から持ち出した物資を元手に商店を開き，富を蓄積した．そして，その後1819年にはペンシルベニア州ミルフォード Milford, Pennsylvania の農場に転居し，ここでも商店を開業するに至った[2]．

さらに，ピンショの祖父シリル Cyrille は不動産売買（投機）land speculation とともに，木材生産に注力した[3]．

ピンショの父ジェイムズ James も，不動産売買などで富を得た実業家であった．しかしながら，息子をフランスに送り，その森林管理政策の実情を学ばせた[4]．

②　フランス留学：1889年ロンドンからナンシーNancy の国立林学校 L'Ecole Nationale Forestière へ

ギフォードの父ジェイムズは，その父シリルが木材生産で財をなした反面，それが原生自然の破壊に直結していたことも認識していた．そのため，息子のギフォードに，ヨーロッパの林業を学ばせようとした．ギフォード・ピンショは1889年にイェール大学を卒業すると，10月にはヨーロッパで森林管理 forestry を学ぶ留学の途に就いた．

ピンショは，まずインドにおける森林管理の実績を有するイギリスに立ち寄った．サウサンプトン Southampton に着き，ロンドンに赴いた．そして，インド省 India Office の森林局 Forest Department を訪れ，当時のインド森林庁長官 head of the Indian Forestry office のチャールズ・バーナード卿 Sir Charles Bernard に面会している．また，同局では，クーパーズ・ヒル Cooper's Hill の長官 Director であったウィリアム・シュリク博士 Dr. William Schlich や，インド森林局 Indian Forest Service の創設者ディートリヒ・ブランディス博士 Dr. Dietrich Brandis とも会っている．

「その省は，手がかり entrée を求める者にとっては，必然的な選択であった．大英帝国は，その広大な南アジア亜大陸の植民地支配をとおして，そこに森林局 forest service と森林保護区 forest reserve の原型 model を確立したのであった．森林監督官 forester を養成するために，大英帝国は，幾人かの世界的に著名な森林監督官を擁したクーパーズ・ヒルを創設したのであった」(Miller, 2001：pp.78-79)．

ピンショは，ロンドンに長居はせず，フランスのナンシーにあった国立林学校に向けて出発した；

「クーパーズ・ヒルを訪れた2日後には，彼は荷物をまとめてイギリスからフランスに向かった．手にはシュリック教授からの推薦の手紙を一束もっていた．ひとつは，ピンショが訪ねる予定のボン在住のブランディス宛てであった．その他は，ナンシーにある国立林学校（1824年設立）にいる彼（シュリック；引用者）の僚友宛であった．そしてピンショは，そこで正式に専門的な研究を始めようとしていた」(Miller, 2001：p.81)．

しかしながら，ナンシーの国立林学校での森林管理上の法規に関する講義などに飽き足らず，ブランディスの忠告にしたがい，ピンショは6週間の休暇をとって，スイス・チューリッヒに向かった．そして，この地でピンショは，母国で実践すべき森林管理の要諦に出会うことになった．ピンショの目的は；

『そこで，シールウォルド Sihlwald の森林専門官 forestmeister であったウルリッヒ・マイスターUlrich Meisterについて勉強するためであった．この自治体の森は，「シールSihlの狭い谷筋に沿って5 mile(約8 km)ほど伸びていた」．そしてそれは，「コロンブスがアメリカを発見する以前から」人間が管理してきたものであった[5)]．ピンショは，謙虚にそのことを学んだ．マイスターについて作業をすることで，彼は「正常に蓄積される森林の秩序」とその「もっとも重要な」目的に関する重要な教訓を学んだ．それは「年々に，地域全体の年々の全成長量に等しい木材量だけを，そしてそれ以上ではなく」伐採する，ということである．いずれの長く続いたコミュニティにおいても，森林は，計測できる，物質的に一定の収益を生むように管理されることが望ましいからである．また，シールウォルドにおいては，「同程度の生産力を有する地区が，あらゆる樹齢，すなわち前年の実生苗から成熟した木まで」によって覆われるよう，構造化されていた．時がたつにつれて，この複層林mixed aged forestは，実生苗が成長でき，通常の収穫によって定常的な収益が上げられるよう間伐される．1889年には，シールウォルドでは「市に，1 acre当たり8ドル以上の純利益を生んでいた」．それは，巨大な収益であり，ピンショを驚かせた．そして，ピンショに「見失ないがちだが，森林を守ることprotectionは目的ではなく手段であって，森林をめぐる探求は，明確で重要な財政上の意味を有すること」を理解させた』．

「ナンシーに戻るとすぐに，ピンショはチャールズ・サージェントCharles Sargentの*Garden and Forest*誌に一連の記事を寄せ（1890年のこと；引用者），このような識見を詳述した．この雑誌は，当時のアメリカの保全conservation思想の最先端の出版物であった．ピンショは，そうすることによって，若い国に対して注意を喚起した．しかしながら，ヨーロッパの森林管理の成功をまねるまでには，長い年月が必要であった」[6)]．

ピンショが，このシールウォルドで学んだことは；

a．年々の伐採量が，年々の成長量を超えてはならない，

b．あらゆる樹齢，すなわち前年の実生苗から成熟した木までによって覆

われるよう間伐し，構造化された複層林を育成する．そのことにより，
通常の収穫によって定常的な収益が上げられるよう計らう，

という2点であった．

ピンショは，このようにして学んだ森林管理を母国において実践したかった．そのため，ブランディスなどからの研究を継続するようにとの勧めを退けて，早期に帰国することになった．少し，この間のピンショの事情をみておきたい．

ミラーは，ピンショが帰国を急いだ理由について，つぎのように説明している；

『しかしながら，彼が森林管理の研究に打ち込むことができる時間には限度があった．というのは，彼も彼の両親も，滞在が長引けば彼が「ワシントン計画 Washington scheme」と呼んでいたものを遂行する機会を無にするであろうと確信していたからである．その計画とは，農務省の森林課 Division of Forestry の課長 head，すなわち，森林管理によって善をなすことを主張できると彼が考えていた唯一の地位に就くことであった』（Miller, 2001：p.81）．

また；

『フェルノウ Bernhard Fernow は，1890年の7月に，ヨーロッパにいるギフォードに対して，手紙の中で森林監督官補 assistant forester の職を提示し，家族の期待をより一層刺激した．そして，その機会は「課長職への相続権 heirship」を含むものであることを意味した．さらにこの提案は，フェルノウが退職してヨーロッパに戻るかもしれない，という幾度もの暗示と結びつけられ，ピンショは速やかに受諾の電報を打ち，彼の父親に息子の喜びを分かち合ってほしい旨の手紙を書いた．そしてその手紙を「今や名声を打ち立てる機会が開けた．しかしながら，もう少しだけ準備ができれば，と思う」と締めくくった』（Miller, 2001：p.91）．

早期の帰国への反対意見もあった．たとえば；

「彼ら（森林監督官みんな；引用者）は，ピンショがあと少なくとも2年以上

は滞在し，ドイツの大学，できればミュンヘンで博士学位の研究をなし，その後にこそ，生まれ故郷に帰ればよい，と結論づけた」(Miller, 2001：p. 88)．

しかしながら，この頃すでにピンショには，政治への傾きが生じていた．ミラーは；

「ピンショは，彼が職業上の能力の多くを割くべき分野を明らかにしていた；専門分野は，政治であり，科学ではなかった」としている(Miller, 2001：p.80)．

イェール大学の時代も含めて，ピンショには森林管理の研究への志向はみられず，アメリカ合衆国の消え去りつつある西部地域の原生林を，資源として実践的に保全することが彼の最重要課題であった，ということになる．このことは，祖父シリルたちの世代が行った乱開発への深い反省にもとづくもの，といわざるをえない．

結局，以上のような理由で帰国を急いだピンショは，1890年12月16日にニューヨーク港に戻った．日記には，父ジェイムズが迎えた，とある(Steen, 2001：p.11)．

③　なぜ，年々の伐採量を年々の成長量以内に抑えなければならないのか

ピンショにとって，シールウォルドで学んだことは，アメリカ合衆国に適用・実践され，かつ，その森林の保全が実現して初めて意味を持つものであった．そのため，ピンショは合衆国における森林の状況について，検討した結果を残している；

「現在アメリカ合衆国内にある立木に関する森林局の推計値の最小値は，１兆4,000億ボードフィート BF で，最大値は，２兆5,000億 BF である．今日の年々の消費量は，ほぼ1,000億 BF で，また，年々の成長量はその３分の１，あるいは，300億から400億 BF である．年々の成長量を大きく400億 BF と推計し，現状の消費量を勘案すると，結果として木材の供給（可能な期間；引用者）は，ほぼ一世代よりやや長い程度となる」．

また，木材資源の世界的な状況について，ピンショはつぎのように補足している；
「世界に比肩するもののないほどのわれわれ一人当たりの需要に見合う，われわれが得ることができる安価で豊富な海外からの木材供給などはない，ということは記憶にとどめておいてよい．さらに，われわれの進行しつつある木材の破壊は，はかなく生け贄となった石炭が，かすかにその前兆となっているだけである」[7]．

だからこそ，いま合衆国内に残されている森林を保全し，長期的な木材の国内供給を可能とすることが重要である，としている．

④　ギフォード・ピンショー初めての農務省森林局庁官（(1898-）1905-1910)

ピンショは，セオドア・ローズベルト大統領を支持する理由をつぎのように言明している；
「わたしは，ローズベルトの政策を支持する．なぜならば，それらは，われわれの一部の者の私的な利得よりも，われわれすべての者の共通の利益を，より重視するからである．また，それらは，国家にとってより重要なのは，高位のひとびとの利益ではなく，地位の低い small ひとびとの暮らしである，とするからである．さらに，それらは，将来のことを考えず犠牲にするような，あらゆる現状の資源の浪費に反対するからである．機会の平等を主張し，独占と特権を非難する．誤った論点を退け，それらは，われわれすべての幸福に，真に重大な変化をもたらすような重要な課題を直接取り扱うからである．そして，とりわけ，平凡なアメリカ人は，つねに，また，どこにいても，それらの中に，もっとも優先すべきものを見いだすからである」(Pinchot, 1910：p.11)．

ピンショは以上のように述べ，自らは共和党の背景を有しながらも民主党のローズベルトの政策への共感を示した．とくに，後継の世代に資源を残すことの重要性についてふれており，このことが，森林資源などの効率的使用を必然のものとすることになる．

このように，功利主義的な合理主義的思考のピンショであったが，ミュー本文「p.38　下から 5 行目」に誤りがありました。謹んでお詫びを申し上げ、下記のように訂正いたします。

誤；

「ピンショは以上のように述べ、自らは共和党の背景を有しながらも**民主党の**ローズベルトの政策への共感を示した。」（正しくは、「**共和党の**」である。）

↓

正；

「ピンショは以上のように述べ、ローズベルトの政策への共感を示した。」

以上

アが自然保護の根底に据えた「神」の存在については，どのように考えていたのであろうか．

当時のピンショについて，スティーン Harold Steen は；
『1890年代には，科学者たちは活発にダーウィンの理論について議論をしていた．とくに，人はよき科学者であり，かつ，よきキリスト教徒たりうるのか，というのが大いなる関心のまとであった．…(中略；引用者)…

若く信心深いピンショもまた，自身が科学的な生活に入りつつあることを自覚していたので，悩んだ．彼はヘンリー・ドラモンドの『精神世界における自然の法則 *Natural Law in the Spiritual World*』を，二晩にわたって読んだ．宗教と科学は対立するものではない，とドラモンドは書いていた．そして，ピンショは日記に「そのような本こそ必要としていたものだ」と記した』としている[8]．

ここから分かるのは，日々を従来どおりにキリスト教徒として送りながら，同時に自らの専門的な分野においては自然科学に依拠する，という信仰と科学の明確な分離に自らを適応させることができたピンショの姿である．この点は，ミューアがシエラ・ネバダ山脈において，神と出会うことになったことと，きわめて対照的であった．

また，ピンショの自然観の一例として，彼が1891年4月21日にグランドキャニオンを訪れた際の記録を挙げておきたい；
「…(原文ママ)キャニオンのはじで，午後からずっと夜の9時頃まで過ごした．美と壮大さについて，少しばかり分かり始めた…(原文ママ)．峡谷は，あまりに深く，その幅の広さを分からなくさせてしまう，そして，その幅広いことがその深さを分からなくさせてしまう．人は，感嘆するほかない．日没時には，峡谷はすばらしく美しく，月明かりのもとでは，無類の荘厳さである．しかしながら，その大いなる力は，その安らかさにある．それは，無条件に穏やかである」(Steen (ed.), 2001：p.43)．

このピンショの記述からは，ミューアが自然と対峙したときにみた神の姿はみられない，というほかはない．すなわち，自然の中に神をみることの必然性が，ピンショにはない．

ただし，ピンショにとっても，自然はそこが近代的な意味で人間が憩うことのできる場所である，という観念は見ることができる．また，先にミューアがグランドキャニオンを訪れた際に示した，周辺の植物への言及もピンショにはみられない．

たとえば，同年5月9日にはヨセミテを訪れ；

「ヨセミテへと向かう．同じような松の森が，道中ずっと続く，そしてインスピレーション・ポイント Inspiration Point に着く．確かに，よく名付けたものだ．それをうまく描写できるわけではない．しかし，できればそれを，グランドキャニオンを見る前に見ることができたなら，と思わずにはいられなかった．グランドキャニオンを見てしまうと，あらゆるものが野性味を欠く．その渓谷がすばらしくないとか，すばらしく美しいというわけではない，というのではない．しかしながら，それはグランドキャニオンにはおよばない…（原文ママ）ネバダ滝 Nevada Falls は，わたしが見たものの中で，もっとも見事なものである．わたしが見たものの中で，これほど洗練され，優美で，壮大で，かつ繊細なものはなかった．壮麗な虹も見える．斜面を半分ほど登ったところから見た滝の全景は，信じられないくらい魅惑的である．この渓谷で一月暮らせれば，と思う」とも述べている（Steen (ed.), 2001：p.45）．

しかしながら，ピンショのいう「この渓谷で一月暮らせれば，と思う」というその一月は，今日わたしたちがいうリクリエーションあるいは観光目的の「休暇」と同義であると考えられる．この点が，ミューアの場合と決定的に異なる．ミューアにとってシエラ・ネバダ山脈で暮らすことは，神との対話をなし，自らもより神に近くありたい，という願いの実現のためであった．その一方で，自然科学的な氷河地形の実証的研究などにもその能力を発揮できたことは，ミューアの個性が際立つ点である．ミューアにとっては，自然を保護したいという意志と実証的科学研究とが，矛盾なく両立しているように考えられる．

結果的にではあるが，ピンショにとってもミューアにとっても，神と科学の両立の仕方に大きな違いがありながら，それらをなんとかして自らの内に共存させる努力を要したという意味で，『種の起源』が二人にもたらした影響は，その生き方を左右するほどのものであった．ただし，極限的な状況に直面したときに，そのいずれにより大きな比重をおくことになるかは，ピンショとミューアの見解を分けることにもなった．詳細については，以下の第３節(６)のヘッチ・ヘッチーダム建設をめぐる対立について，で述べる．

（２）　1891年森林保護区法

ピンショは，1898年に第三代バーナード・フェルノウ Bernhard E. Fernow（1886-1898）を継いで，第四代の農務省森林課課長 chief of the Division of Forestry となった[9)]．

次項で，ピンショが1896年からの国有林委員会 National Forestry Commission に参加し，アメリカ合衆国における森林管理政策を本格化させる経緯やこの委員会におけるミューアとの関係性などについて述べる．ここでは，すこし話が前後することになるが，1891年に制定された森林保護区法について触れておきたい[10)]．

なぜならば，本法律の第24項（Sec. 24；引用者）に初めて森林保護区 forest reserve が規定され，その選定が始まったからである（森林保護区は，1907年に「国有林」と名称が変更された）．その意味で，本法律は，アメリカ合衆国における制度的な森林保護・保全政策の始まりを告げるものであった；

「第24項　合衆国大統領は，時に応じて，森林のある公有地を有する，いかなる州あるいは準州においても，その公有地のいかなる地域であっても，その全体あるいは一部が，森林や下生えによって覆われており，それが商業的な価値を持っているか否かに関わらず，取りのけて公有保留地として留保することができる．また，大統領は公式に布告することによってそのような保留地とその境界の設立を宣言することができる」．

この第24項こそが，放置され続けてきた西部開拓にともなう原生林開発に歯止めをかける政策の始まりを意味した．

当時，公有地の管理を司っていたのは内務省 Department of the Interior であった．そのために，国有林野の管理もまた，内務省の所管であった．しかしながら，内務省付きの職員を経て，1898年には，ピンショは森林監督官 forester として農務省内の森林課に配属されることになった．このことが，管理する人とその対象との分離を生み，後日ピンショは国有林野の管理権限を農務省に一元化するために尽力することになった．

ピンショが参加することになった国有林委員会は1896年から1897年にかけて継続したが，その成果は1897年基本法 Organic Act of 1897 として結実することになった[11)]．

この法律の制定によって，国有林野をめぐる本格的な森林管理が始まることになった．その詳細については，第３節で述べる．

また，火災などによる森林に対する被害についてミューアは；

「しかしながら，このような製材所による火災とその伐採による破壊は，羊飼いたちによる火災に比べたら，ささやかなものである．信じられないくらいの数の羊が，夏が来るたびに，山の放牧地 pastures に追われていき，通りやすい道を作り，牧草地を改善するために，つぎつぎと火がつけられ，古い丸太や下草を焼き尽くしていく．これらの火は，想像以上に一般的で，破壊的である」と論じている（Muir, 1876：p.632）．

ピンショは，このような羊の過放牧による国有林野への被害について，つぎに述べる森林保護区の設定をめぐる国有林委員会（1886-87）において，その実態を自らも目にすることになる．その詳細などについても，次節で述べたい．

そして，1897年には，ミラーによれば；

「1897年６月に内務省の職員として雇用されて，ピンショは森林保護区の質と特徴を評価する仕事を課されていた．また，その創設に対する西部の(ひとびとの；引用者)敵意の深刻さを量ること，および，可能であれば，クリーブランド大統領の決定に対する支持を築くことであった」という．

また；

「ピンショは，その（1897年9月初旬のこと；引用者）少し前に，連邦政府の特別森林職員 special forest agent に任命されていたが，新規に創設された西部の森林保護区に関する長期の調査旅行中で，シアトルに着いたばかりだった．その創設は，牧場主や農家，鉱山事業者および木材所有者のひとびとから大いなる怒りを買っていた」（Miller (2001)：p.120）．

そして1898年，ピンショはフランス留学中からの最終目標であった中央政府の森林管理部門の中枢に入る，という目標を達成するに至る；

『1876年に議会は種子配布法 seed distribution bill に追加条項を付し，「森林業務部 forestry agent」を財政的に援助するために2,000ドルを配分した．このささやかな事業は，徐々に発展，成長して，1886年には森林課 division として農務省内の恒久的な部局 agency となった．1898年にギフォード・ピンショはバーナード・フェルノウの跡を継いでこの農業関係部 agricultural agency の森林監督官 forester の長 chief となった．…(中略；引用者)…1891年の森林保護区法によって，国有林が実際に存在するようになったときには，森林は内務省の管轄下にあった．かくして，森林は内務省にあり，森林監督官は農務省に属することになった．…(中略；引用者)…

1898年から1905年の間に，ピンショは，国有林 national forests をめぐる管轄権を獲得するために，その内務省・国有地管理局 General Land Office から農務省 Department of Agriculture・森林部 Bureau of Forestry への移管に大いに努力した』（Steen, 2001：p.185）．

(3) サーキュラー21（回覧資料21）Circular 21：「保全」への出発点（スイスで学んだことの実践へ）

以上，森林保護区の設立の経緯などについて触れたが，これは国有林野に関する政策であった．19世紀の終わり頃までにはすでに，西部開拓の進展によって，西部地域の公有地の多くが民間に払い下げられるなどしていた．そのため，ピンショにとって，森林を管理することは，国有林野に森林保護区を設定するだけでは十分ではなかった．

以下に述べられている理由によって，私有地内の林野および木材生産目的の森林の管理もまた，政策上の重要性を有していた．「1898年にギフォード・ピンショはバーナード・フェルノウの跡を継いでこの農業関係部 agricultural agency の森林監督官 forester の長 chief となっ」ており，ピンショは留学中にシールウォルドで学んだ森林保全を，国有林野だけではなく，私有地においても実践することになった．

ピンショは私有地における森林管理の必要性について；

「合衆国の林野 forest lands は，三つの異なった所有者に帰属している；まず合衆国政府である．この中には，公有地上の森林保護区と非保護区とがある．次に，いくつかの州に帰属するものがある．最後に，個々人，企業や団体などの私有によるものがある．

私有林の面積は，州および連邦政府所有のものの合計よりも広い．そして，それを，木材と水の供給に関して生産的な状態に維持することは，国家にとって非常に重要なことである．…（中略；引用者）…その他の私有物と同様に，土地もその産出による収益を目的として所有される」（Circular No. 21-Revised, 1903：p. 1；パラグラフのタイトル「Why private forests are wrongly handled」）．

それゆえに；

「現行の事業の目的は，少数の（民間の森林；引用者）所有者に対して試行を行ってもらい，すべてのひとびとのために，その方法および結果を公表し，森林地 timberlands を取り扱う改善された方法（improved ways of handling timberlands）は，所有者にとっても森林 forest にとっても最善のものである，ということを示すことにある」(Circular No. 21-Revised, 1903：p. 1；パラグラフのタイトル「Practical examples of improved methods」).

「私有されている森林地域は，おもに2種類ある；ひとつは小規模なもので，それは多くの場合に農場主たちの森である．もうひとつは，規模の大きなもので主として木材資源としての価値を有するものである」(Circular No. 21-Revised, 1903：p. 2).

まず，規模別の所有者側の費用負担に関する取り扱いについてみてみたい；

「5 acre 以上の土地面積があれば，申請可能である．唯一の違いは，規模の大きな所有者においてはより困難な課題に直面する可能性があり，その解決に要する費用を（政府と規模の大きな所有者とで；引用者）分担する必要性がある，という点である．他方，小規模の所有者は，いかなる費用の負担も求められず，部 Bureau からの援助を受けることができる」(Circular No. 21-Revised, 1903：p. 2).

さらに，小規模な場合については，つぎのように補足されている；

「この森の部分の有用性は，風よけになるというだけではなく，燃料，柵，および鉄道の枕木，その他建築材料や農場周りの特別な用途などに用いることができる点にある．この林地 woodlot なしでは，農場経営はしばしばあまり収益性のある投資とはならないだろう．というのも，農場主にとって，目下のところ，切り倒し搬送する労力以外にはほとんど経費のかからない，そのような木材を購入する余裕はないからである」(Circular No. 21-Revised, 1903：p. 2；パラグラフのタイトル「小規模林地 Woodlots」).

さらにまた，

「（契約条項；引用者）4．農務省は，この契約に基づくすべての用役に関して，件の（契約者の；引用者）ジョン・ドウ John Doe に一切の費用負担を求めることはない…（後略；引用者）」.

「5．農務省は件の計画[12]およびその結果について，それを，農場主や関係するその他のひとびとへの情報として，公刊し配布する権利を有する」(Circular No. 21-Revised, 1903：p. 3；パラグラフのタイトル「小規模林地の契約見本 Woodlot Agreement」).

つぎに，規模の大きな木材業者を対象とした場合の取り扱いについて，みておきたい；

「この土地の多く，多分その大部分は，起伏にとみ山がちである．そして，その森林を保全すること preservation は，木材資源と水資源 wood and water の両面で重要である．他方，低地の森林の破壊は，それが農業用途に用いられる場合を除けば，国家の富の多くの源泉の喪失につながる」とされている（Circular No. 21-Revised, 1903：p. 3；パラグラフのタイトル「大規模森林地 Timberland」).

また，小規模な場合と同様に，それぞれ契約条項の4．が費用分担の，また，5．が実績に関する情報開示の具体的な内容になっている(Circular No. 21-Revised, 1903：p. 4；パラグラフタイトル「大規模森林地用の契約見本 Timberland Agreement」).

ただし，その情報開示先は「木材業者，森林所有者および関係のひとびとへの情報として」とされている（Circular No. 21-Revised, 1903：p. 5 の契約条項5．に同 p. 3 の小規模な場合と同じ内容が明記されている).

その趣旨は，おもに農家・農場の周辺にある小規模（事例では100 acre ほど）の森の所有者（農家）と，木材生産に特化した規模の大きい（事例では1万 acre ほど）森林所有者に対して，政府が森林の保有者に対して，上記のような支援を行うことで，森林管理上の技術の改善策を開発し，その技術の普及を政府が行う，というものである．

このようにして，私有地における森林の保全を図るきっかけをえようとした．

その主たる目的は，私有林の森林が，生産力をもった状態に「保護」されること＝保全されること，および，その必然性を啓蒙することであった．

このような政策は，政府が森林管理政策に積極的であること，また，このまま伐採が続けば私有林においても森林資源が枯渇する危険性がある，ということを啓蒙することに主眼があった，と考えられる．

このようにして，国有林野については，森林保護区を選定し有用な森林を「保全」し，私有林に関しては，上記のサーキュラーを用いて森林管理の啓発をする，という二つの経路で，合衆国全体の森林管理を実行しようとした．ただし，州有林は除く．

また，サーキュラーには，私有林所有者に対する啓蒙の必要性に関して，つぎのように述べられている；

「他の私有物と同様，これらの土地はその収益を目的として所有されている．そして，所有者は，それを破壊するよりも木材の収穫によって森林を守ることのほうが，一般的には割に合うのだ，ということを未だほとんど理解するにいたっていない」(Circular No. 21-Revised, 1903：p. 1)[13]．

以上のようにピンショは，留学中に得た森林管理の要諦を，その森林資源の枯渇に直面しようとしている母国であるアメリカ合衆国のために活かそうとした．そのため，自らのイニシアティブを発揮できる行政府内の森林課(部)という地位を獲得すべく努めた．この目的志向性の強さと，その実現に向けた合理的行動は，ピンショの天性の資質である．この資質は，1898年に森林部 Bureau になって以降もいかんなく発揮されることになる．ピンショは，「保全主義とは，最大限のひとびとに，最大限の期間，最大の善をなすことを意味する」とした(Pinchot, 1910：p.17)．そして，このピンショの保全主義の考え方は，終生変わることはなかった．

1896年に始まった西部調査以降のピンショについては，つぎの第３節において詳述する．その主要な論点は，本節において触れた森林保護区 forest reserve をめぐるミューアやサージェントとの間の，「保護」と「保全」をめぐる対立である．

注

1）1865年８月11日，コネティカット州シムズベリーSimsbury, Conneticutに生まれた（www.foresthistory.org/［Accessed July 26, 2017］による）．ピンショの生い立ちについては，すでに詳細に論じられてきているので，それらについては，他の文献を参照していただきたい．たとえば，Miller（2001），Steen（ed.）（2001）やMcGeary（1960）などがある．

2）「当時，店のカウンターは，交易の拠点となっていた．そこからは，地場の地域特有の農産物や，都市からの加工品，たとえば，布地やリネン，タバコが，そして，遠くの入植地からの原材料が流れ出ていった」（Miller, 2001：p.22）．

3）「ピンショ（祖父の方；引用者）は，森林に興味をもった．その当時の木材投資家と同様，利益を最大にするために，森を皆伐し，木材を加工処理するための臨時的な製材所を設けた．加工処理された丸太材や板材はしっかりと筏に組まれ，春の間，雨で水かさを増した川を流して市場に搬出された．市場は，デラウェア川沿いのさまざまな港町にあったが，とりわけフィラデルフィアがもっとも重要であった」．

そして「この繰り返しの環境面での帰結は，産業化以前にみられた木材開発の見本の象徴的なもので，無視できないものであった．市場の需要以外にはなにも規制するものがないので，木材lumberの企業家たちは，アメリカの原生自然を広く破壊していった．残されたものは，丸裸にされた丘と浸食された大地，そして泥の流れる川であった．景色に刻まれたきずあとは，1830年代から1860年代にかけて，いわゆる交通革命によって引き起こされた，貪欲な木材需要を供給することによって，より深くなっていった．ピンショ（祖父；引用者）やその他のひとびとは，より技術的に進んだ，そして，効率よく，アメリカの樹木を伐採，製材，そして運搬する手段を導入した」という（Miller, 2001：p.23）．

4）Miller（2001）：pp.27-34による．ジェイムズについてミラーMillerは，「これら（社会貢献のこと；引用者）の衝動impulseの一例としては，彼の現代アメリカ風景画への援助supportがあった，…（中略；引用者）…かくして，ジェイムズ・ピンショは30代ですでに，市の，文化を担う重要な代理人agentとなっていた」という（同p.31）．

5）引用文中の『「コロンブスがアメリカを発見する以前から」人間が管理してきたものであった』という記述に関しては，ドイツの場合には，以下のような歴史的経緯がある．

「こうして十八世紀の後半になって，計画的で専門知識に基づいて実施される森の管理と経営が要求されるにいたったのです．この時代から十九世紀初めにかけて，ドイツでは林業への移行が成し遂げられました」（以上，ハーゼル（山縣光昌訳）（1996）：p.115による）．

6）Miller, 2001：p.86（本文内の，「　」内は，すべて原文中の引用である）．

7）以上，Pinchot（1910）：p.６．ただし，１board foot＝１foot×１foot×１inch（１

foot＝30.48cm，１inch＝2.54cm）である．

8）Steen (ed.) (2001)：pp. 8－9 および Drummond（1883）参照．

9）1881年に，森林課 Division of Forestry が農務省 Department of Agriculture 内に設立され，その初代課長はフランクリン・B・ハフ Franklin B. Hough（1876-83；ハフは，1876年に発足した Federal Forestry Commission の議長 Chairman となり，1881年には Division of Forestry の課長となった）で，二代目がナサニエル・エグルストン Nathaniel Egleston（1883-86）であった．

また，1876に設立された森林業務部 forestry agent は，1886年には森林課 Division of Forestry，1901年には森林部 Bureau of Forestry とその名称が変わり，1905年に今日の森林局 Forest Service となった（Steen (ed.), 2001：pp.324-325）．同年，森林保護区（1907年に国有林と改称）の管轄が内務省から農務省に移管され，ピンショは初代森林局庁官となった．

10）資料［１］による．または，別途の資料として，Steen (2004)：p.26の脚注に，26 Stat. 1095 がある．

11）資料［２］による．

12）「計画」とは，契約条項１．中で指定された，契約者のジョン・ドウの土地にある森林からの収穫および森の再生産に関わる計画のことである．

13）以上，サーキュラー21（1903年改訂版）による．手元には，この改訂版しかないが，最初のものは1898年に発行されている：Steen (ed.) (2001)：p.94には，「(1898；引用者）*Oct. 11, Washington* Circular 21 in hands of printer－1500 copies」とある．）

なお，発行元は，United States Department of Agriculture, Bureau of Forestry で，原題は，Practical Assistance to Farmers, Lumbermen, and Others in Handling Forest Lands（森林地域を取り扱う際の，農家，製材業者その他への効果的な practical 支援について）である．また，末尾署名は，Gifford Pinchot, Forester. Approved：James Wilson, Secretary of Agriculture. Washington D. C., July 1st, 1903 とある；

https://archive.org/stream/practicalassista21pinc_0#page/n1/mode/1up［Accessed Aug. 4, 2016］による．

また，スティーンによれば；

「彼（ピンショ；引用者）は，連邦政府の雇用者名簿 federal payroll に載る前から，課 division の協力者の輪を広げようとした．その努力は，サーキュラー21「農家，製材業者，その他森林地を運用するひとびとへの実際的な支援」（1898）として結実した．それは，土地所有者に対して支払われる技術的な支援の利用可能性について説明したものであった」（Steen, 2001：p.89）．

資料

［1］ Forest Reserve Act of 1891 (Long title ; An Act to repeal timber-culture laws, and for other purposes) Fifty-first Congress, Sess. II Chap. 561 ; 1891年森林保護区法（長いタイトル；木材栽培法 culture を廃止するため，および，その他の目的のための法律） www.wikiwand.com/en/Forest_Reserve_Act_of 1891［Accessed Aug. 1st, 2016］.

［2］ Organic Act of 1897［PUBLIC…No. 2］Approved, June 4, 1897.
http://www.publiclandsforthepeople.org/wp-content/uploads/2015/05/ORGANIC-ACT-OF-1897.pdf［Accessed Sep. 2nd, 2017］

［3］ Rules and Regulations Governing Forest Reserves Established under Section 24 of the Act of March 3, 1891 (26 STATS., 1095) 1897 CIRCULAR. P. Department of the Interior. General Land Office. Washington D.C., June 30, 1897.
http://www.publiclandsforthepeople.org/wp-content/uploads/2015/05/ORGANIC-ACT-OF-1897.pdf［Accessed Sep. 2nd, 2017］

［4］ Circular No. 21-Revised, July 1st, 1903（最初のものは1898年に発行されている：Steen (ed.) (2001)，p.94に「(1898；引用者) *Oct. 11, Washington* Circular 21 in hands of printer－1500 copies」とある）.
United States Department of Agriculture, Bureau of Forestry
Practical Assistance to Farmers, Lumbermen, and Others in Handling Forest Lands.
Washington D.C., July 1st, 1903.
https://archive.org/stream/practicalassista21pinc_0#page/n1/mode/1up［Accessed Aug. 4th, 2016］

［5］ Transfer Act of 1905 :
An Act Providing for the transfer of the forest reserves from the Department of the Interior to the Department of Agriculture, February 1, 1905.
https://www.loc.gov/law/help/statutes-at-large/58th-congress/session-3/c58s3ch288.pdf［Accessed July 22, 2017］

第3節　ミューアとピンショの出会いと決別に至る経緯：西部調査について

ミューアとピンショがアディロンダック山地 Adirondacks（ニューヨーク州 Adirondack mountains のこと；引用者）で出会った1892年には，ミューアは54歳，ピンショは27歳であった．同年，ミューアはシエラ・クラブを創設し，その会長となった．一方，ピンショは24歳（1889年10月）で留学に赴き，1890年の12月には，政治を志して帰国したものの，そのとば口を見つけ出せずにいた．

二人はアディロンダック山地を歩き，木を語り，森を語った．森林の重要性を，ミューアは後継者たりうるピンショに飽くことなく語り聞かせたに違いない．二人とも，戸外でのキャンプを好んだ．ただし，ピンショが釣りも狩猟も好んだのに対して，ミューアはすでにこの頃までには釣りすら好まなくなっていた．ピンショの良き助言者 mentor となることを引き受けたミューアではあったが，つねにピンショの支援が可能であったわけではなかった．後述するように，二人の関係は，時に重なり合うが，1896年国有林委員会 National Forest Commission の西部調査の時期頃から，少しずつ距離がおかれるようになっていった．そして，ヘッチ・ヘッチーダム Hetch Hetchy Dam 建設をめぐっては，大きく立場を異にすることになった．

また，森林（再生可能な資源）をめぐる二人の考え方は，全面的に一致していた，というわけではなかった，といわねばならない．二人は出会った当時から，森林について異なった考え方を持っていた．1896年から15年ほど（ピンショが森林局長官を辞任する1910年まで）の間に，二人が話し合うべきことがあった．それは，森林について，何をどこまで「保護」すれば，ミューアの望む「保護」が実現できたといえるのか，という点であった．残念ながら，この点に関しての具体的で，建設的な議論が二人の間でなされることはなかったようである．そのため，ヘッチ・ヘッチー渓谷 Hetch Hetchy Valley という「再生不可能な資源」を前にしたとき，「なぜ，ヘッチ・ヘッチー渓谷を保護しなければならないのか」という本質的な議論を，二人がゆっくりと時間をかけて行えなかったことは，当時としてはやむをえなかったのかもしれないが，残念なことであったとしか言いようがない．この点は，森林保護区に関する二人の考え方の違いにも反映されることになった.

以上の経緯について，論点を整理しつつ詳細に検証し，森林をめぐる二人の対立とされるものは，実は二人が出会った時から厳然としてあった，ということを国有林委員会の経過に触れながら，明らかにしたい．とくに，1891年から設置されることになった初期の森林保護区と1872年にアメリカ合衆国で初めて設けられたイエローストーン国立公園との関係について，当時ミューアがどのように考えていたのか，に着目して検証してみたい．

また同時に，ヘッチ・ヘッチーダム建設は，二人の関係性に決定的な影響を与えたものであったかもしれないが，二人の考え方がどのような点で異なっていたからそのような結果となったのか，その建設をめぐる経緯を詳細にみることによって，明らかにしたい．もちろん，ミューアは，ダムが建設される予定地の自然景観を重視し，ピンショは，そのダム建設によってサンフランシスコ市域に水が供給され，ひとびとの飲料用水としてだけではなく，災害時の供給にも十分な水が得られることを重視した．

ミューアとピンショに体現される「保護」と「保全」思想は，その本質において相違がある．しかしながら，これら二つの考え方はまったく異質なものであるか，というと必ずしもそういうわけでもない．ミューアとピンショの考え方には，それぞれにお互いの見解に近い部分もあり，また，二人が歩み寄ることができたときもあった．

さらに，ピンショが国有林内のコンセッション方式のホテル経営に必ずしも賛成していた，とは考えられないのに対して，ミューアはヨセミテへの理解を深めるために，さまざまなツアーを計画し，それは国立公園観光開発の一助となった．ときには，このように，二人の考え方が入れ替わったように考えられる面もあった．

また，ヘッチ・ヘッチーダム建設をめぐる議論のところでその詳細は述べるが，サンフランシスコ市の原案に対してミューアらが示していた対案(ヨセミテ国立公園内ではエレノア湖周辺のみを水源として開発するが，ヘッチ・ヘッチーダムは建設しない)を，ピンショはローズベルト大統領に対して進言していた．

それゆえ，二人のとった行動の実態に即して帰納的に「保護」と「保全」思想を定義することは容易ではない．本章第1節で既に述べた両者の定義は，あくまで理念的なものである．

（1）　出会い：良き助言者かつ先達 mentor and guide として

1892年10月に，ピンショは友人フリッツ-グリーン・ハレク Fritz-Green Halleck を介してミューアに初めて会った．場所は，ニューヨーク州のアディロンダック山地であった．ミラーは「初めてミューアとピンショが1892年の10月に出会ったとされるときの情景は，これほど適切なものはない，というほどのものであった」と表現した（Miller, 2001：p.125）．

このときまでにピンショは，その森林調査 timber survey に関する能力を評価されて，フレデリック・ロー・オルムステッド Frederic Law Olmsted の推薦を受け，ヴァンダービルト Vanderbilt に雇われていた；
「ヴァンダービルトの常勤職員となり，彼（ピンショのこと；引用者）は1892年の1月終わり頃から働き始めた」（Miller, 2001：p.102）．

二人の出会いをミラーは，つぎのように記している；
『フリッツ-グリーン・ハレックは，ピンショのことを「近しい友人で，卓越した，森に明るい人」と評した．その二人が「飛び切りの4万 acre の区域」を歩いて評価していたどこかの時点で，彼ら（ミューアとピンショ；引用者）は引き合わされた．その区域は，ヴァンダービルトの義理の兄弟である W・スワード・ウェッブ博士 Dr. W. Seward Webb の所有地で，そこで彼は森林管理を実践したい，と考えていた．この州北部ハミルトン郡の広大な所有地は，ネ-ハ-サ-ネ公園 Ne-Ha-Sa-Ne Park と呼ばれ，ピンショとミューアは一緒にハイキングをして数日を過ごした．そのことに関して，ピンショは後日ハレクに「森で過ごしたもっともすばらしい遠足だった」と言った』（Miller, 2001：pp.125-126）．

留学から帰国して先行きの不透明な状況にあったピンショにとって，年上のミューアとの出会いに期待するものがないはずはなかった．また；
「ピンショの親たち（ジェイムズとメアリ James and Mary；引用者）は，それがどれほどたまにしかないことであったとしても，このような出会いが，28歳の息子が森林監督官として一人前になっていくのをいっそう助けてくれることを望んだ．…(中略；引用者)…彼らは正しかった．二人の初期の往復書簡は，ミューアが喜んで良き助言者かつ先達の役割を引き受けたことを示唆している」(Miller, 2001：p.127)．

そして；
「ピンショは，ミューアのほめ言葉以上に感謝した．彼は年上の男が，アメリカの森林を通じて森林管理を学ぶべきだ，と忠告したことを心にとどめた」(Miller, 2001：p.128)．

（2） 森林保護区の設定と国有林委員会 National Forest Committee

① 1891年森林保護区法から1897年基本法 Organic Act（森林管理法 Forest Management Act）へ

1891年森林保護区法中の第24項が，森林保護区の創設を規定したことについては既述した．ここでは，その森林保護区設立をめぐる当時の背景について触れておきたい．

森林保護区を主管することになった内務省の1891年当時の長官は，ジョン・ノーブル John Noble（Secretary of the Interior 1889-93）であった．ノーブルは，ミューアと親しく，1892年に設立されたシエラ・クラブの会員でもあった[1)]．

そして，ノーブルにとって，この森林保護区の創設は，まさに森林の「保護」にその主眼があった；
『森林保護区法はまた，単なる森林 timber 保護の法律以上のものでもあると考えられていた．長官ノーブルは，その当時の多くがそうであったように，甚大な被害をもたらす洪水を防ぎ，乾燥した西部地域に夏の間中灌漑用水の供給を確保するために，小川の源流にある森林は保護されなければならない，と信じていた．…(中略；引用者)…しかしながら，森林保護区を創設するについては，他の理由もあった．ノーブル長官が書き留めたように，これらの森林保護区は「わが国の動物相，魚類および植物相を保護し，知識 instruction と娯楽 recreation を求めるひとびとの保養地 resorts となる」であろうことが期待された．彼はまた，これらの「その自然の美，あるいは，顕著な特性ゆえに，わが国のひとびとに大いなる関心をもたれている」地域を引き揚げる用意があることも表明していた』(Muhn, 1992：p. 2 /20；ただし，頁数は出力された20頁のうちの2頁目を意味する)．

以上のような森林保護区の必要性に関する指摘は，十分に森林「保護」の根拠になる．

さらに；

「軍隊 military を森林保護区内において警備隊として使うという考え方は，公有森林地 timberland 政策の議論の中で生じ，1891年以前から討議されてきた．内務省は，1886年から騎兵隊 cavalry troops をイエローストーン国立公園の警備に用いており，良好な結果を得ていた．そして，1891年には，内務省は，ヨセミテ，セコイア，およびジェネラル・グラントのカリフォルニアの各国立公園に巡視隊員を割り振ることができていた」(Muhn, 1992：p. 6 /20)．

このように，当時すでに森林保護区を保護するために，国立公園とまったく同様の取り扱いをすることが検討されてきていた．この点は，ピンショが参加することになった1896年の国有林委員会の西部調査において，ピンショとミューアの意見が対立する遠因になった．ミューアは，国立公園であれ，森林保護区であれ，森林がより広範に保護されることを望んだ．他方，ピンショが望んだのは，長期的に，かつ安定的に木材の国内需要が満たされるべく，森林が保全されることであった．この両者の軋轢については後述するが，二人の議論に希薄なのは，森林一般ではなく，どのような森林について保護し，どのような森林について保全するのか，という視点であった．この点については，後の国有林委員会の最終報告書の中で明確な区分が行われることになる．

ただし，ミューアにとってもピンショにとっても，牧羊業者による森林火災被害の防止は国有林野の保護あるいは保全上，重大な課題であった．しかしながら，ノーブル長官の時代には，議会を通じて，森林保護区の管理規定・規則を立案・実施するには至らなかった．また，森林保護区は，そもそも国立公園への一段階，としての位置づけもあった．それゆえ，軍による保護措置も求められた．

たとえば；

『後者（森林保護区を守る監視組織 supervisory corps のこと；引用者）は，新しく発足した国土省 Land Department（1849年発足の内務省のこと；引用者）の職員には，喫緊の課題であった．彼らは牧羊業者による（国有地への；引用者）侵入と同じく，「木材伐採業者 woodsman による広範な破壊と，森林火災…（原文ママ）によるそれよりもなお著しい荒廃」に関する報告書をえていた．しかしながら，国有地管理局 General Land Office が，森林保護区を効果的に巡視することができるとはまったく期待できなかった．議会は，警備のための武力の要請に対する立法措置を行わなかった．さらに，小規模な特別政府職員 special agents は，すでにまばらにしか配置されておらず，予算の削減にともなってさらに減少した』（Muhn, 1992：p. 5 /20）．

以上のような背景のもと，つぎに述べる国有林委員会の最終報告書を受けて，1897年に基本法（森林管理法）Organic Act（Forest Management Act）が成立した；

『議会は，クリーブランド Cleveland 大統領が指定した「ワシントン・バースデイ保護区 Washington Birthday Reserves」に対応して，森林管理法（1897年6月4日）を制定した．この法律は，内務省長官の定めた規定 rules および規則 regulations によって，森林保護区を，木材の伐採，鉱物資源開発 mining に，また，その含意により，家畜放牧 livestock grazing にも開放することになった．当該法は，保護区を火災やその他の破壊から守備することについても定めた．いまや森林保護区は，行政管理の新たな時代に入った』[2)]．

②　西部調査と深まる対立

先に述べた1891年森林保護区法第24項にもとづいて，西部地域を中心に森林保護区を整備することになったが，その調査を担当したのが，国有林委員会 National Forest Committee（あるいは，森林委員会 forestry commission）であった；

「1896年１月15日，内務省長官ホーク・スミス Hoke Smith は，米国科学アカデミーに対して，森林委員会を設立するよう正式に要請した．その委員会の目的は，西部地域の公有地を調査し，1891年森林保護区法にもとづいて，森林保護区として留保されるべき地域を勧告することであった」(Steen (ed.), 2001：p.68)．

「(当時の米国科学アカデミーの会長；引用者) ウォルコット・ギブズ Wolcott Gibbs は，サージェントを委員会の委員長に指名した．彼は，ハーバードのアーノルド植物園 Arnold Arboretum の園長で，北米の樹木に関する第10期調査結果の主要な巻を編集し，何巻もからなる樹木に関する仕事をとりまとめていた．彼は，ピンショのことを何年も前から知っており，ビルトモア Biltmore の森に関する技術的なアドバイスを与えただけではなく，彼の職業に関しても助言をしていた」(Steen (ed.), 2001：p.68)．

また，「森林委員会は，興味深い構成となっていた．サージェントと同じく，アレクサンダー・アガシ Alexander Agassiz はハーバード出身の科学者であった．ウィリアム・ブルーワーWilliam Brewer はイェール大学の植物学者で，サージェントよりも10年早くに同様の樹木に関する第９期の報告書を編集した．ヘンリー・アボット Henry　Abbott は，陸軍工兵隊 Army Corps of Engineers を退いたばかりで，洪水調整の屈指の権威であると広く認められていた．彼は，流域の保護のために追加すべき森林保護区の創設に関して勧告する権限を委ねられ，委員会に有用な手腕をもたらした．アーノルド・ヘイグ Arnold Hague は，地質調査部 Geological Survey（内務省；引用者）の出身で，イエローストーン国立公園の調査を担当した．彼は，1891年に，大統領が最初の森林保護区を布告する宣言文の文案を作成した．その際にヘイグは，保護区は国立公園に追加されるであろう，と考えていた．彼とピンショとは良き友人となり，委員会の報告書を起案する作業を割り振られた」（Steen (ed.), 2001：p.68）．

したがって，ミューアはこの委員会の正式なメンバー，というわけではなかった．また，ピンショは，サージェントによって委員会に招請されることになった．

この委員会の発足の経緯については，つぎのように述べられている；「1896年６月11日に，議会は森林委員会の費用を賄うために２万5,000ドルの経費を認めた．しかしながら，そのメンバーたちは，報酬を求めることなく勤めた．国は，その金額に見合うものを得た．というのも，委員たちは，その夏から秋の初めにかけて西部中を旅し，迅速で必要不可欠な調査を行った．そのことで，彼らには，現地での公有森林地 public forested lands の研究や地元のひとびとや有力な仲介業者への聞き取りが可能となり，さらに，国が公的に所有する資源をどうすればもっともうまく規制できるか，という考え方を吟味することができた」（Williams and Miller, 2005：p.37）．

この委員会に参加することができたピンショは，西部調査に赴くことになったが，その意気込みは，つぎのような行動にも見て取ることができる；「実際，ピンショは，他の委員よりも数週間早く1896年６月１日に出発した．彼と彼の大学時代の友人であったヘンリー・グレーブズ Henry Graves－彼は，後日1910年に第二代森林局庁官となるのであった－は，北部ロッキー山脈へ，さらにオレゴン州カスケード山脈へ向かった…（後略；引用者）」（Williams and Miller, 2005：p.37）．

ミューア以外のその他のメンバーは；

「調査旅行に参加しなかったギブズとアガシを除いた残りの委員たちは，6

月の末頃にシカゴに集まった．中心的な一行は，有名なナチュラリストのジョン・ミューアとともに７月16日（1896年；引用者）にモンタナに着いた」(Williams and Miller, 2005：p.37)．

ミューア，ピンショとサージェントらとの関係については，つぎのように述べられている；

『これらは，重要な関係性であった．サージェントとミューアは友人同士で，お互いに尊敬しあっていた．ミューアは，サージェントの樹木に関する第１巻を熱心に褒めた．センチュリー誌 *Century Magazine* およびミューアの著作の発行者ロバート・アンダーウッド・ジョンソン Robert Underwood Johnson もまた，ナチュラリスト（ミューアのこと；引用者）に近かった．多くの歴史家はジョンソンを，ミューアがシエラ・クラブを1892年に創設したときの重要な関係者であったとみなしている．ジョンソンは，サージェントにも近く，ピンショは，これら三人すべてに近かった．ミューアは，1894年に，ニューヨークにおける親切なもてなしに感謝する手紙をピンショに書いた．「あなたは森への正しい道を選んでいる．幸運な人よ．かように過ごすなら，１日たりとも悔いることはないであろう」．日記が示すように，ジョンソンは森林委員会の設置に助けとなり，そして，ミューアはその任務の一部のために，委員会に参加した』という（Steen (ed.), 2001：p.69)．

国有林委員会の西部調査の間に，ミューアとピンショの間にどのようなことが起こったのか，ミラーはつぎのように簡潔に記している；

「彼（ミューアのこと；引用者）の失望は，1896年の夏から秋まで続いた．そのとき，二人は国有林委員会のアメリカ西部の集中的な調査で，ともに旅を続けていた．その間，二人は，すばらしい地域 terrain をめぐって，なんどもハイキングに出かけた」(Miller, 2001：p.129)．

『ミューアは参加者として居心地がよくなかった．他方ピンショは，申し分のない組織的人間であることを証明した．このような対照的な特質は，彼らの間に後日生じたイデオロギー上の論争の核心部分に存在していた．

1890年代の半ばには，彼らはそれぞれの保全 conservation の解釈が同じではない，ということを感じ取り始めた．すなわち，二人は同じ木をみていても，異なった目で見ていたのであった．ミューアは，間接的にこの点を再確認した．それは，彼が妻への手紙の中で，委員会のすべてのメンバーのことに触れながら，ハーバードの植物学者でアーノルド植物園の園長であるチャールズ・サージェントは「わたしと同じように，木々について知り，それらを愛している」と書いている』(Miller, 2001：p.130)．

ピンショとサージェントとの不和の原因などについては，後で詳しく述べるが；

「シエラ・クラブの創立者であるナチュラリストのジョン・ミューアは，森林委員会が西部の森林を調査していた間，数週間にわたって参加した．チャールズ・サージェントは，森林政策をめぐって，ミューアがギフォード・ピンショと関係を解消するよう促した」[3)]．

このサージェントの意向が，おそらくミューアが「参加者として居心地がよくなかった」ひとつの理由であった（詳しくは，つぎの『③深まる対立からピンショの「自立」へ』において述べる）．

では，ミューアは，この頃どのように考えていたのであろうか；

『キャンプをすることは，男の絆を強める特別な機会であった．…(中略；引用者)…1897年 7 月，ミューアはピンショに，内務省の特別森林政府職員 special forest agent に任命された際に彼に祝福の手紙を送った．それは「あなた自身にとって，そして，われわれ皆にとって偉大なる仕事を」なされんことを，というものであった．ピンショがこの職に就こうと決めたことを支持したが，その責任の一部は，公有地上の森林保護区境界を再評価し，その境界を引き直すことであった．ミューアは，サージェントとは違った反応をした．ハーバード大学の科学者は，若い男のもう一人の指導教師であったディートリッヒ・ブランディス卿 Sir Dietrich Brandis 宛の手紙の中で酷評し，ピンショの判断を公然と非難した．「わたしが彼を書記 secretary に就けたときに…(原文ママ) わたしは，彼が国有林の分野で，いつかは輝かしい位置を占めることができると期待して，そうしたのだった」．その期待は今や粉々に打ち砕かれた．「彼は，今や政治家の方に行ってしまった」「そして，彼の有用性は，ほとんど終わったも同然ではないか，とわたしは思う」と，サージェントは主張した．ミューアは，反対した．内部で働くことによって，この「とりわけ現在の状況のもとでは最も責任の重いこの地位」を受け入れることによって，ピンショは効果的に脅威にさらされている保護区の規模と特質を保護することができる，と信じた』（Miller (2001)：p.134）．

そのようなミューアの期待は，実現した，という；

「ミューアは，その若い男がまさにその期（ご；引用者）にふさわしい地位にいるのではないか，と考えた．そして，彼（ミューアのこと；引用者）は正しかった．ミューアが提案した土地の多くが，森林保護区に組み込まれた」（Miller, 2001：p.135）．

以上は，ミラーの記述による，西部調査をめぐるミューアとピンショとの関係の整理である．関係者のひとり，サージェントの個性については後に述べるが，やや極端に及ぶことがあったようである．

③　深まる対立からピンショの「自立」へ

a．サージェントとの対立

ピンショとサージェントの関係は，ピンショのフランス留学中に始まっていた．ピンショは，シールウォルドでの知見を，サージェントが編集する *Garden and Forest* 誌に寄稿していたからであった．しかも，ピンショを国有林委員会の書記 secretary に推薦したのはサージェント本人であった．しかしながら，そのような関係は，西部調査を機に大きく損なわれることになった．そのことについて，ミラーはつぎのように述べている；

『彼ら（ピンショとサージェントのこと；引用者）の不和は，調査旅行が始まる以前の，ニューヨークで5月中旬に開かれた委員会の準備的な議論のなかで，すでに起こっていた．ピンショはブランディス Brandis に，サージェントには現行の，あるいは，提案されている森林保護区において，十分な調査を考慮する意志があるとは思えない，と報告している．その理由は，「鉄道から容易に到達できる距離にあるところまでしか」視察調査に行かない旅程の計画になっているからであった．また，委員長（サージェント；引用者）は，森林管理の実際の作業に興味はなく，「森林監督官を養成するための適切な議論を要請するような」論点についての議論を始める気もない，と記した．ピンショは，もしサージェントの予定が不変であれば，「わたしは，最大限，それを避けるべく努力するが」，委員会の来たるべき報告書は国民に対して「以前からの課題に関する，その他の議論のように，無意味なものになってしまうであろう」と予言した．

ブランディスの返信は，ピンショの不安を強めただけであった．サージェントは「イギリスの植物学者の間に共通の，森林管理は植物学である，という思い違いのもとで仕事をしている」と，ドイツ人森林監督官は裁定した』（Miller, 2001：p.131）．

初期のサージェントとピンショの関係については；

『ピンショとチャールズ・サージェントとの心に葛藤を抱えた関係は，（ミューアとピンショとの関係と；引用者）似たような道筋をたどった．サージェントもまた，ピンショが森林監督官になりたい，という望みを勇気づけ，若い男が進路として採るべき方向性について忠告した．そして，彼の道がたやすくなるようにいくつかの扉を開けてやった．ピンショが国有林委員会に参加するよう招いたのは，これらの振る舞いのひとつであった．それは，年長のひとびとの親切に頼ることを学んだ31歳の森林監督官にとっては，破格の優遇措置であった．

しかしながらピンショは，このような機会をできるだけ利用して，彼の後援者から疎遠となった．それは難しいことではなかった．というのも，サージェントはフェルノウと，その怒りっぽい個性を共有していたからである．彼は頑固で，大いに自己過信気味で，自負心も小さくはなかった．ピンショが森林委員会の最終報告書の提案をめぐって異議を申し立てたときのように邪魔されると，彼は忘恩の徒であるピンショに痛烈な非難を浴びせた．明らかに，ピンショは理解しなかった．サージェントはブランディスへの手紙の中で，委員会に選任されることは前例のないことで，「(米国科学；引用者）アカデミーのメンバーだけが就任してきている」，メンバーでない者が，委員会の書記に指名されることは，これまでになかった，と文句をいった．この名誉だけでも，ピンショの服従を保証し，その発言を抑えることができたはずだった．

1897年に内務省長官のブリス Bliss が，ピンショに内々の政府職員 confidential agent（既述の「特別森林政府職員」に同じ；引用者）の職を提案し，彼がそれを受けたときに，彼らの関係は，一層悪化した．サージェントは，ピンショに対して，政治任命を受けるために友人たちを投げ捨てた，と非難した．そして，ハーバードの教授にとって，彼らの行動規範は異なった次元にあった．ピンショが農務省のフェルノウの地位を引き継いだとき(1898年；引用者)に，ピンショの専門家としての経歴は終わった，と彼(サージェント；引用者)が予言したことは驚くにはあたらない．サージェントは「これは，彼にふさわしい仕事だ」「彼はそこなら何も害をおよぼせないし，短期間にひとびとは彼が言うことに注目することをしなくなる」とミューアに忠告した』[4]．

また，サージェントの人柄を印象づけるオルムステッドとの関係についての記録も残されている．サージェントがオルムステッドにアーノルド植物園 Arnold Arboretum の設計に関する協力を依頼したときのことであるが；

『オルムステッドは何が公園を構成し，何がしないかに関する考え方が厳格であった．彼は，他の景観，たとえば公有の小公園や植物園などでさえ，樹や水，原っぱや道路などの類似の要素を含んでいてもよい，と信じていた．しかしながら，公園 park の設計の背景にある考え方は，しばしばきわめて異なっていた．オルムステッドは，（研究用の；引用者）植物園 arboretum がどのようなものとして構想されるべきか，に関して，サージェントとの間には意見の違いが確かにある，ということが分かっていた．そこで，サージェントからの手紙に返信し，そのプロジェクトに彼も参加するよう依頼した．そして「実に，公園と植物園とはその目的においてとても異なっているように思われ，わたしには，それらを満足のいく形で組み合わせることができるとは思えない．わたしは，この場合，あなたの協力なくしてはその作業を引き受けることには困難を覚える．そして，計画は，わたしがあなたの手助けで行うのではなく，あなたがわたしの手助けで行うのが，よりよく，より適切であると考える」．

オルムステッドが，公園として役に立つ（研究用の；引用者）公園という着想は，まったく機能しない，と懸念していたことは明確である．しかしながら，彼はまもなく（研究用の；引用者）植物園の計画を受け入れた．それは，都市に自然の美をもたらそうとするものであったからである．オルムステッドは，それが実を結ぶのを見る日まで，長年，勤勉に努めた』[5)]．

ピンショが望んだのは，木材を生活の用に供するために森林を管理することであって，サージェントのように，植物としての森の木を観察・分類することではなかった，ということである．ピンショとサージェントのこの考え方の違いは，国有林委員会の最終報告書をめぐってさらに対立を深めることになった（最終報告書の内容については，後述する）；

「政治的な意見の食い違いは，まず国有林委員会の議論の場で，その最終報告書の本質をめぐって顕在化した．…(中略；引用者)…サージェント，ミューア，ハーバード大学の動物学者のアレクサンダー・アガシ（委員会の会合には一度しか出席しなかった）((　)は原文ママ；引用者)，およびアメリカ合衆国陸軍工兵隊のヘンリー・アボットは，保護区を保護する唯一の方法は，それらを開発しないことであり，それらを侵害されないようにするためには，その境界に合衆国陸軍を配置して守ることである，と信じていた．ピンショと地質学者のアーノルド・ヘイグは，そのようには考えなかった．二人は，森林は活用されるべきものであり，閉鎖されるべきものではない，との意見であった．そして，森林の，統制された活用と保護を担保するもっとも有効な力は，専門的な文官職員の育成による，とした．それは，具体的には，ピンショがヨーロッパで研究中に考察したような形の森林局であった．この論争は，委員会の最終報告書をまとめるについて，大きな脅威となった」(Miller, 2001：p.136).

このような対立は，すでに述べたように，ピンショが国有林委員会に関わるようになる以前からの経緯が深く関わっていた．すなわち，1891年に森林保護区を設定するべく法的措置が執られた際に，ミューアやノーブルはその保護区がいずれ国立公園化される，あるいは，国立公園に編入されることを望んでいた．さらに，先行していたイエローストーン国立公園(1872年設立）においては，軍隊が駐留することによって，その保護に効果がある，とされていた．

しかしながら，ピンショは，そのような歴史的背景を重視しないで，自らの森林管理の実現を推し進めようとした．このようなピンショの意向は，ミューアにとっても全面的には受け入れにくいものであったろう．ここに，森林の保護と保全をめぐる，より具体的な議論の必要性があった．

以上のような経緯で，ピンショとサージェントの関係性は破綻した．しかも，その影響はミューアとピンショとの関係にも大きな影を投げかける結果となった；

「調査中に生じた個人的な対立，とりわけチャールズ・サージェントとギフォード・ピンショとの間のそれは，その後何年も続き，悪化していった．そして，永久に，かつての親密であった関係性を，損なってしまった．この不都合な結果の帰結は，サージェントがミューアに，野心的なピンショと彼が支持する連邦政府の保全主義から距離をとるよう促し始めるにおよんで，調査の間に一緒に活動することによって深まったジョン・ミューアとピンショとの友情が傷ついたことであった．ミューアは，森林と原野の資源は厳格な管理のもとで活用されるべきである，そして，もし議会が大規模な国有林の創設を，この数年以内に受け入れるとしたら，そのような経済的な政策は必要不可欠である，というピンショの確信を共有していた．しかし数年のうちに，そしてまた，サージェントにせき立てられて，彼は，その活用をではなく，これら景観の保護を主張し始める」（Williams and Miller, 2005：p.39）．

しかしながら，他方で，ミューアとピンショはお互いを必要ともした；「彼らの同盟関係は，戦略的なものであった．ミューアにとっては，森林管理の原則，すなわち科学的な土地の管理は，森林を征服するために，数世代にわたってアメリカ人が採ってきた容赦のない戦術を越えた重要な進歩であった．そして，ミューアは，そのような考え方の主たる支持者であったピンショと仲間になることができて，それだけで満足であった．ミューアの森林管理への支持は，ピンショにとっても同様に非常に重要であった．森林と森林管理のための，ミューアの雄弁な発言と鋭い文章なくしては，それらに対する国民の関心はそれほど大きくはならず，また，焦点が絞られたものにはならなかったであろう．そのような関心なくしては，保護区を支持する，あるいは，森林局の設立を支持する法律は議会を通過しなかったであろう，とピンショは，他の誰よりもよく知っていた．そして，森林局がなければ，彼が彼自身と彼の専門的職業のために設定した目標は実現しえなかったであろう」（Miller, 2001：pp.137-138）．

b．ミューアとの対立

国有林委員会の西部調査において，ミューアとピンショは同行する機会をえた．その際に，ピンショはおそらく初めて西部地域における羊の放牧による森林火災の被害についてミューアと論争をしたようである．また，そのきっかけを作ったのは，ミューアであった可能性が高い．

1897年のことであったが，ピンショの日記には，つぎのような記載がある；

「*9/5 Seattle* 遅く起床．ホームズ Holmes に会い，ブレイクリーBlakely の港に着く．大規模な製材所を見た．レイニア・グランド Rainier Grand で昼食を共にし，その後，ジョン・ミューアにロビーで会った．この二人と午後を過ごした．再びミューア氏に出会うことができ，嬉しい．レイニア・グランドで彼らと夕食をとった．夕方ホームズと教会に行き，その後，ポスト・インテリジェンサー*Post Intelligencer*（新聞紙名；引用者）にインタビューを口述筆記させ，同紙編集者のジョン・W・プラット John W. Pratt に渡す．彼の速記者に口述する．その後，ミューアとホームズと話を続けた」(Steen (ed.), 2001：p.83)．

この記述にみられるように，この日にミューアとピンショは，ずいぶんと長い時間，話し合っている様子が分かる．問題は，その内容である；

「ピューリッツァー賞受賞者であるミューアの伝記作家リニー・マーシュ・ウルフ Linnie Marsh Wolfe によれば，莫大な数の羊の群れが公有地上で損害を与えていた現状が，シアトルのレイニア・グランドホテルの混み合ったロビーでミューアとピンショとの激しいやりとりをしたことを理解するための手がかりであった，という．

ウルフは，その衝突が起こった日時を特定できなかったが，二人の旅程によれば，彼らは1897年9月初めの頃にそこで出会ったことになる」[6]．

ただし，二人の調査活動は，1896年から始まっており，つぎのようなピンショの記述も残されている；

「(1896；引用者) *7/16 Col. Falls-Belton-Lake McD.* 委員のジョン・ミューアと同行．

7/21 Spokane-Missoula…(原文ママ) ジョン・ミューアは一行を離れた．彼は，わたしが一緒にアラスカに短期間の旅行をするという計画を提案し，サージェントは同意した．しかし，この計画は，ヘイグによって反対された．大変興味深い馬の旅．道すがらの説明．実に多くの焼け跡」[7]．

このような状況を念頭に，その後のミューアとピンショの関係を追ってみたい．ピンショの日記では，1899年の8月8日から12日までの5日間，二人はカリフォルニアで旅をともにしたことが分かっている．そして，ミューアはピンショに，引き続き羊の放牧による森林火災の跡などについての事実を示した．たとえば；

「(1899；引用者) *8/8 Sonora-Calaveras Big Trees*　6:00に，四輪馬車でメリアム Merriam，ミューアと出発．古きプレイサー郡 Placer County を

通過．とても興味深い．34 mile，立て続けに走り，道すがら，羊による破壊の跡を調査するためだけに止まる．6ないし8 mile 木々を抜け，わき道のところに着く．ミューア，メリアムと森 Grove を抜け，夕食後，キャンプ·ファイアーを囲む．チェリー Cherry とその息子と会い，すばらしいホテルを見つけた．すべてが魅力的．南の森は見ず（1 mile≒1.6 km；引用者）．
8/10 Big Trees to Murphy's & Sonora　7:30頃にホテルを出て，羊の影響を調査しに出かけた．いくつかの興味深い事実．馬車が遅れを取り戻し，走り続けた．マーフィーズ Murphy's で昼食，ソノラ Sonora で夕食．マーフィーズに着くまでの数 mile が，砂ぼこりが少しひどかった．メリアムとミューアは，道々ずっと話をしていた．二人とも，旅の良き友である．
8/12 San Francisco-Redwood Canyon　ロウウェル・ホワイト Lowell White を見つけ，わたしたち（ミューア，メリアムとわたし；原文ママ）は，ミル渓谷に向かって上がっていった．ホワイトの部下がいる近くのレッドウッド渓谷 Redwood Canyon まで運転してもらった．大変楽しい乗車であった．また，美しい場所ではあるが，レッドウッドは，大きくはなかった．午後はくつろいで，ぶらぶらして過ごした．ニューウェル Newell がやって来た」（Steen (ed.), 2001：p.97）．

このように，ピンショはミューアを通じて，西部地域の公有林野における羊の放牧によって生じている被害に関しての認識を深めていった，と考えられる．このことが，後述する内務省による公有林野における羊の放牧管理政策へとつながっていく．

もう一点付け加えておきたい．それは，このときのピンショのレッドウッド redwood（Sequoia sempervirens；セコイアメスギ；引用者）に対する感想である．上記レッドウッド渓谷で「レッドウッドは，大きくはなかった」と日記に記している．このことは，何を意味するのであろうか．一般的にいって，ピンショの日記には，調査などに同行した他者への悪口に近い言葉などの否定的な記述があまりみられない．この点を考慮すると，ピンショは，セコイアに対して，ミューアほどには高く評価しなかったのではないか，と推測できる．森林資源を管理し，社会のために活用すべきである，というのがピンショの基本的な立場であった．その際に，ミューアが貴重である，としたセコイアなどの樹種について，それらを管理の対象とすべきかどうか，ピンショは明確には述べていない．

しかしながら，ピンショが森を好んだこともまた事実である．たとえば；
「森は，有益なだけではなく，美しくもある．古いおとぎ話が，森は恐ろしい場所である，としているのは間違いである．森が，自然のもつもっとも快適で健全なものとして有する穏やかな影響を感じることなしには，誰も，ほんとうの意味で森を識った，とはいえない．どのような観点からも，森は人間のもっとも有用な友のひとりである．おそらく，森ほど人類に貢献しながら，気に掛けられることなく使用され，かつ，ほとんど理解されることもない自然の要素は他にはない」(Pinchot, 1900：p. 8)．

ささやかな記録かもしれないが，ピンショがこのことをわざわざ記した点に注目しておきたい．

また，このときの調査旅行に付随して，このセコイアの保全についてミラーは；
「彼らは，当時伐採によって脅かされていた，セコイアのあるキャラベラス Calaveras の森への短い旅に出た．そして，彼らはその巨木を救うための方法を構想した」としている（Miller, 2001：p.135)．

この「彼ら」とは，ミューアとピンショやメリアムである，と理解できる．しかしながら，「巨木を救うための方法を構想した」ひとびとについては，ピンショの1899年の日記からは，別の人物の可能性も生じる．

たとえば，以下のピンショの日記の記述からレッドウッドの育成のための募金のことをピンショが議論した相手は，ドルビア氏 Mr. Dolbeer も含む商工会議所のひとびとである，という理解も成り立つ；
「*8/7 San Francisco* 1日中，人に会って過ごす．4時に商工会議所でレッドウッドの育成に関する作業について議論した．最終的な結論は，ドルビアの提案どおり，募金のために再度の会合が開催されるべきである，ということになった．ドルビアとダラーDollarが，次週の月曜日2時に会合を開く．スタンフォード(大学；引用者)から来た植物標本室の人が，カリフォルニアでのコルクガシ cork oak の研究を提案した．夕刻，クロニクル誌 *Chronicle* の農業担当記者アダムズ Adams と長時間にわたって話をした」(Steen (ed.), 2001：p.97)．

「*8/14 San Francisco* 再びウィリアム・ミルズ William Mills 来訪．さらに，レインステイン Reinstein とグリーブズ Gleaves も来訪．わたしは，カリフォルニアにおける森林（管理；引用者）の作業に15万ドルを支出する計画を作成する予定だ．レッドウッドの人に会う．長時間の議論の末，ドルビアその他のひとびとが支持するネルソン大尉 Captain Nelson に100ドル出資することになった．そこで300ドル募金が集まった．1,000ドル集めることを議決した．わたしたちの宿泊費と交通費も負担してくれる予定だ．疑問の余地のない成功である」(Steen (ed.), 2001：p.98)．

以上から，上記の「彼ら」がミラーの指摘するミューアとピンショらであったかもしれないが，すくなくともピンショと商工会議所のひとびととの間においても，セコイアの保全について話し合われた，ということは事実のようである．

ミューアとピンショの二人にとって，羊の放牧によってもたらされる森林火災などの被害を防がなければ貴重な森が失われる，という危機意識が共有できたであろうことは推測できる．問題は，どうすれば，そのような被害を防ぐことが可能となるのか，という解決策であった．

ピンショは，国有林委員会の西部調査以降，ミューアの指摘に学んだ経験をもとに，1899年にヒッチコック内務省長官 Secretary of the Interior, Hitchcock の指示によって，このような羊の放牧による被害の現況調査に出た（ヒッチコックは，1899年2月2日から1907年3月4日の間在任；引用者）(Pinchot, 1947：p.177)．

この調査については；

「コーヴィル Frederic V. Coville とわたしは行くところどこでも，羊をめぐる問題を最優先に気を配り続けた．この旅は，わたしがこれまですでに確信していた事柄を確認させた．すなわち，羊の過放牧 overgrazing は森林を破壊する，ということである．若い実生苗の多くが食いちぎられているのを見つけて，すでにわたしが十分に証明していたように，羊はそれらを食べるだけではなく，放牧業者の主張とは逆に，実生苗は，その幾多の蹄によって壊され，地面に踏みつけられる．ジョン・ミューアは羊のことを蹄をもったイナゴ，と呼んだが，彼は正しかった」[8]．

「ある種の森林域 forest regions においては，羊は閉め出されるべきである．しかしながら，北アリゾナはそのような地域ではない．…(中略；引用者)…放牧を管理することは，通常，それを完全に禁止してしまうことに比べれば，はるかによい．そして，そのように決定された」(Pinchot, 1947：p.180)．

「これが，コーヴィルとわたしがヒッチコック長官に提出した報告書の要旨であった．そして，それが，後日国有林 National Forests におけるわれわれの放牧政策の基礎ともなった．

初期の放牧による混乱では，公有林地 public timberlands の保護 protection が今日的な政治課題であったので，われわれは単純な選択に直面した：あらゆる放牧を禁止し，森林保護区を失うか，あるいは，家畜の放牧を管理下において国家のために保護区を救うのか，という選択であった．われわれは，選択した．われわれが選択したがゆえに，今日およそ1億7,500万 acre の国有林が，西部地域のほとんどの河川および東部地域の幾分かの河川の上流域を保護 safeguard している」[9]．

この西部調査は，1900年5月28日からの3週間にわたって実施され，その調査結果にもとづいて，公有林野における羊の放牧管理が検討され，実行に移されるようになった．

以上によって，ピンショは，ミューアとの間にあった羊の過放牧をめぐる論争に，具体的な対応策を提示することになった．それは，森林に対する管理と同様，過放牧状態にある羊についても，その放牧頭数を政府が管理する，ということであった．

この項の最後に，ピンショがサージェントとミューアという二人の先輩から離れ，一人の政治家として自立へと向かった点について，少し触れておきたい．

ミューアとピンショが,1892年にアディロンダック山地で出会ったとき，ミューアはすでに54歳，ピンショは若干27歳にすぎなかった．親子ほど歳の離れたこの二人には，ミューアを良き助言者と仰ぐピンショの姿があった．しかしながら，国有林委員会の西部調査を経験し，1898年には森林課課長となり，さらに同年，サーキュラー21の実施・運用を始めたピンショは，自らの森林管理政策に自信を深めていった．このような過程を経て，ピンショはミューアから自立していった，と考えられる[10)]．

二人が不和になったのは，二人の考え方にもともと本質的な違いがあったからであって，「仲のよかった二人」が仲違いしたからでは決してない．ピンショは留学時代から政治の世界をめざした．既に第1節および第2節でみたように，人間のために，長期的に持続可能な森林管理を求めたピンショと「木のような存在になりたい」と願うほど樹木が好きで自然を愛したミューアとは，本質的にその在り方が異なっていた，と理解するほうが素直である．したがって，スティーンが指摘するように，『「保全」という根っこから「保護」が分岐した』と考えることには，少し無理がある[11)]．

また，二人の関係についてミラーはつぎのように指摘している；

「たとえば，ピンショは1898年に農務省森林課課長 head of the Division of Forestry に任命された…(中略；引用者)…

ミューアの発言もまた変わった．1898年に始まり，彼は，森林管理の実践と原生自然の保護 preservation とは相容れない，と信じるようになった．二人の絆は，ヘッチ・ヘッチー渓谷のダム建設をめぐる闘争による騒ぎによって，より一層衰えさせられた」(Miller, 2001：p.138)．

ミラーの見解を支持するように，たとえば，1890年代の終わり頃においてもなお，ピンショの日記の端々にはミューアと西部地域において旅を共にすることを喜びとしている彼の姿がある．本来自然の中で過ごすことを好む二人がいて，その二人の心の中を流れている感情に起伏はあるが，不変なものもあり，それが二人をお互いに無視できない存在として位置づけることになっていた．ただ，ミューアが本来的には好むことのなかった政治的な活動（シエラ・クラブ）が，ピンショの政治的立場との違いを際立たせる結果となってしまった，と考えられる．だからこそ，ミラーは「二人の絆は，…より一層衰えさせられた」と表現しているのではないだろうか．

以上から，「保護」と「保全」の考え方は本質的に異なっているが，しかし同時に，以下で述べる国有林委員会の最終報告書に示されたように，森林に関しては，その資源量が十分大きければ，「保護」すべき森林を一般的な森林から分離することができ，その森林の永続的な「保護」が可能となる，ということになる．二人にとって残念だったことは，20世紀に入ると，ヘッチ・ヘッチーダム建設をめぐる政治的な対立によって，お互いの交流が難しくなったことではなかったか，と思う．キャンプ・ファイアを囲んで，二人が話し合ってきた過去の交流の蓄積が，突然無に帰した，と考えることには困難を覚える．

また，サージェントとピンショの関係もよく似た経過をたどることになった．留学中にピンショは，サージェントの主催する雑誌（*Garden and Forest* 誌）に投稿し，サージェントの知己をえた．そして，すでに述べたように，国有林委員会の委員長となったサージェントは，ピンショを書記に抜擢したのであった．米国科学アカデミーの会員ではなかったピンショがそのように遇されることは，きわめてまれなことであった，という．

しかしながら，書記に就任したピンショにとって，自身がもっとも重要視する森林管理に関心を示さないサージェントは，もはや彼の興味を惹く人物ではなくなってしまっていた．他方，サージェントは，ピンショによかれと考えて書記に就けたのに，自分の指示に従おうとはしないピンショに納得がいかない．そのため，1896年頃にはサージェントはミューアにまで，ピンショとの関係を解消するよう，訴えることになった．

このような経過を経て，サージェントとピンショとの関係は，完全に冷え切ってしまった．しかし，このことは，ピンショの側からみると，いわば，子どもの親離れとでもいうべきものとなった．ピンショにとって，最終的な目標は，留学中のシールウォルドの森で学んだ森林管理であって，植物学の研究ではなかったのである．

ピンショとサージェントとの関係が壊れてしまったとしか言いようのないような状況に立ち至ったのに対して，ピンショとミューアの関係が，意志の疎通を全面的に欠くような状態にまでなっていた，とは考えにくい．

たとえば，後述するヘッチ・ヘッチーダム建設をめぐってピンショとミューアが対立を深めていったときでさえ，実は二人とも，お互いの見解の相違を埋めるべく，妥協案を探ったのであった．ただし，二人が直接会って話し合うことができる機会は，1900年代に入ると，ほとんどなくなってしまっていた．にもかかわらず，二人には共通するものがあったように思う．それは，自然のなかで，キャンプなどをして時を過ごすことへの嗜好だった．だからこそ，初めてアディロンダック山地で出会ったときに，お互いに通じ合うものがあったのであろう．立場を異にすることになったのは，ピンショがあくまで政治の世界を求め，自立への道を突き進んでいったことの影響が大きかった，ということではないか．

サージェントにもミューアにも依存する必要がなくなったピンショにとって，自らの判断で自らの政策を運用すること，またその判断の原則は功利主義にもとづくものであることは，自明であった．

(3) 国有林委員会の最終報告書 final report の詳細について

1897年5月1日付けの国有林委員会の最終報告書では，つぎのような内容が勧告された．まずこの報告書によって；

a．13の森林保護区の追加的な設立が勧告され，その結果，これまでのものと合わせて総面積が2,137万9,840 acreになることになった（Report of the

Committee, 1897：p.36).

以下，報告書に盛り込まれた勧告の内容について具体的に述べる．

同書「結論と勧告 Conclusions and recommendations」(Report of the Committee (1897)：pp.34-35) によれば；

b.「内務省長官の求めにより，陸軍長官は権限を与えられ，さもなければ現行法の下で守られることのない公有保護区 public reservations および国立公園内の，森林，木材，および下生えを守る軍隊に関する必要な詳細を立案するよう命じられる．それは，内務省内に，恒久的な森林局 forest bureau が認可され，十分に組織化されるまで継続されること」.

どのようにして森林保護区を守るのか，という点に関してピンショが求めた森林監督官による森林の保護・管理という内容は，ミューア，サージェントあるいは，ノーブルらが主張した森林保護区の軍隊による警備と，それが森林局の組織化が確立するまで継続されるという形で論点が整理されることになった．

c.「内務省長官は権限を与えられ，合衆国の森林保護区の森を守り，育て，改善するために必要な規定や規則を策定するよう命じられる」.

d.「内務省内に，その人物および成果に関する推薦を有する，とくに選りすぐられた職員からなり，効率よく，かつ，品行方正に役職を果たし，十分な給与と年金が支払われる国有林局 a bureau of public forests を設立すること」.

b. にいうところの森林局に配置されるべき職員についても，その人材像および処遇について詳細が示され，少なくともこの項目はピンショの主張によるものであろう，ということを推測させる．

e.「大統領によって森林地域委員会 forest lands board が任命され，地質調査部の長 director によって実施される地勢上の topographical 実地調査により，いずれの公有地 public domain が恒久的に森林 forest lands として保護 reserved されるべきか，また，いずれがより農業や鉱業に有益 valuable で，売却や入植に供されるべきか，決定されること」.

この項目は,「恒久的に保護されるべき森林」を実地調査によって選別し,売却や入植地とすべき公有地と区別すべきことを勧告しており,つぎのf.と対を成している.

f.「合衆国内の,農業や鉱業miningよりも木材生産に有益なすべての公有地は,売却,入植,およびその他の処分から引き揚げて,育林と木材売却の目的で保持されること」.

f.では,ピンショが国有林委員会で主張してきた,継続的に木材生産を可能とするような森林を選別して,管理の対象とすることを明記したものとなっている.このように,e.とf.の二つの項目によって,ミューアらが主張した「保護」すべき森林と,ピンショらが求めた「保全」すべき森林とが区別されることになった.

このような区分が行われたことが,この国有林委員会最終報告書の成果であった,というべきかもしれない.ミューアとピンショとの間で,森林の「保護」と「保全」の二つの考え方の違いについて話し合われたかどうか定かではない.しかしながら,ピンショはミューアとの出会いから西部調査の期間を通じて,上記e.とf.の違いを考え続けていたことがうかがわれる.ピンショは,国有林委員会の書記だったので,この最終報告書への関与は明らかである.少なくとも,中間報告(1896年5月)では,アーノルド・ヘイグと連名で文責を記している.ただし,この「保護」すべき森林の規定が,ミューアが求めていたものと一致するのかどうか,は判然としない(Williams and Miller, 2005:pp.34-36).

g.「ワシントン州のレイニア森林保護区Rainier Forest Reserveおよびアリゾナ州のグランドキャニオン森林保護区Grand Canyon Forest Reserveの特定の地域を保留し,国立公園として管理されるべきこと」.

勧告の最後に,森林保護区の一部などを取り込んだ形で,新たに上記二つの国立公園を設けることも勧告された.

つぎに,最終報告書において,羊の放牧についてどのような考え方が示されたのか,触れておきたい;

「羊の放牧による畜産 ―― 羊の放牧による畜産は，それが大規模に行われている州や準州においては，すでに山地の森林をひどく損なっている．…(中略；引用者)…草の葉や，低木 shrub のやわらかな育ちつつある新芽，実生苗などは，根こそぎ食べられてしまう．これらの「蹄のあるいなご」の足は，急な斜面の上り下りの際に，羊たちが好まない植物を踏みつぶし，森林の林床を弱め loosen，洪水をもたらす状態を作り出す．…(中略；引用者)…カリフォルニアとオレゴンでは，違法な放牧による公有地 public domain への被害は，羊飼いたちのやり方によって拍車がかかっている．今では，草が生えるようなところなら，どれほど高く近づきがたい斜面であれ高山の草地であれ，羊飼いたちは侵入していく．そして，秋になって谷間に帰っていく前に，地表面の植生 cover を取って裸地とし，草の生育を刺激するために火を放つ」（Report of the Committee, 1897：p.18）．

以上のような内容を勧告した国有林委員会最終報告書は，つぎに述べる基本法1897年 Organic Act（森林管理法 Forest Management Act）を準備するものとなった．

（４）　1897年基本法 Organic Act（森林管理法 Forest Management Act）について

1897年基本法（森林管理法）は，前項で述べた国有林委員会最終報告書の勧告を受けて制定された．本法は，上記の最終報告書と比べると，ピンショの考え方がより反映された内容となっている．ただし，最終報告書に発行日が５月１日付けであるのに対して，本法律は同年６月４日付け，とその差は１カ月にすぎない．

本法律の趣旨と目的は；

「1891年３月３日に成立した法律の条項（第24項のこと；引用者）にもとづいて，合衆国大統領によって今日までに指定され留保されたすべての公有地においては，その規則は，すべての効力 force と効果 effect を有し続け，一時停止されることも無効にされることもない．そして，今日以降，この法律にもとづき，公有森林保護区 public forest reserve として保留されるすべての公有地は，以下の条項にしたがって実行可能な限り，統制され管理されるものとする」．

また；

「保護区内の森林を改善し保護する，あるいは水の流れる良好な環境を維持し，合衆国国民が活用し必要とする持続的な木材を供給する目的以外では，公有森林保護区を設けることはできない．しかしながら，そのような保護区 reservation を供給しようとする，これらの条項あるいは法律の目的あるいは意図するところは，森林を用途としたもの以外のより大切な valuable 土地，具体的には，鉱物資源が存在する土地や農業用途の土地を，そこに囲い込むことを認可することではない」(Organic Act of 1897)．

本法律に明示された「目的」によって，森林保護区が具体的にどのようなものとして制定されるか，その内容が初めて明確にされた．国有林委員会の西部調査において，サージェントやミューアとピンショとの間で，この二つの目的(保護か，木材供給のための保全か)が未分化な状況で議論が行われたことによって，このような目的の分離・明確化が可能となった．その意味では，国有林委員会が森林の「保護」と「保全」という二つの考え方の分離に果たした役割には大きなものがあった，といわざるをえない．森林保護区は，国立公園とは質的に異なった取り扱いをするが，森林のうち「森林を改善し保護する」目的で保護区に編入されたものは，その保護が優先されることになった．ここにミューアが望んだ，保護されるべき森林(たとえば，セコイアの森など)を森林保護区に編入し，その保護を徹底できる根拠が創られた．と同時に，ピンショが望んでやまなかった「合衆国国民が活用し必要とする持続的な木材を供給する」森林管理も同時に，別の森林保護区において可能となったのであった．

最初から，このような分離が可能であったなら，おそらくミューアとピンショが，あのレイニア・グランドで長時間話し合いを続ける必要もなかったのかもしれない．しかし，そのような二人の議論によって初めて，後世の森林管理に明確な道筋がつけられることになった，ということも事実である．「再生可能な資源」である森林について，その保護と保全の両立が可能であることが理論化された，と考えることができる．

しかしながら，両者の現実的な区分は，そのいずれを重視するかによって変化しうるため，時に「保全」という名の下に，過度な伐採が行われ，本来「保護」に値するような森が損なわれることも起こってきたし，おそらく今後も起こる．

つぎに，本法律にもとづく規定・規則について簡単に触れておきたい．おそらく，これもまた，ミューアとピンショが森林の保護をめぐって議論を重ねた事項であった．その第5項（Penalties for violation of laws and regulations 4.～6.の5.）では；

『5. 1897年2月24日法（Stat., 594）「公有地における森林火災を防止するための法律」には，公有地のいかなる立木，低木や草地に，意図的に，あるいは，悪意で火を放つ，あるいは，火災の原因をなすいかなる人物も，あるいは，不注意や過失によって番人のいない，いかなる立木やその他の燃えやすいものの付近に火を残したり，黙認したsuffer者も，軽犯罪に問われ，同地区を管轄する連邦地方裁判所で有罪が確定すれば，5,000ドル以下の罰金刑か，2年以下の懲役刑，あるいは，その両者が科される』として，公有地における火災の原因者に対する罰則を定めた．

また，第13項（Public and private uses 7.～13.の13.）では；

「13. 公有地における家畜の放牧は，森林の成長に被害がおよばないと考えられるかぎり，そして，他のひとびとの権利が危うくされないかぎり，妨げられることはない．しかしながら，羊の放牧はすべての森林保護区において禁止される．ただし，オレゴン州とワシントン州は例外とする．禁止の理由は，羊の放牧は森林の下草などを害し，それゆえ，降雨量のすくない地域においては重大な結果を招くからである」と羊の放牧を禁止する場合について定めた（Rules and Regulations Governing Forest Reserves

表1－3　国有林（森林保護区）の区域数および総面積の推移

	Total forests	NF acreage (acre)
1891	1	1,239,000
1897	29	39,103,000
1905	83	75,352,000
1910	149	168,029,000
1945	155	177,641,903

資料：Land Areas Report (LAR)－as of September 30, 2015, Table 1. および Table 2. による.
https://www.fs.fed.us/land/staff/lar/LAR2015/lar2015index.html［Accessed Aug. 3, 2017］

(1897)).

以上が，ミューアとピンショとの間にあった対立に関する解決策であった．ただし，ピンショがどこまでこの規定・規則（および，1897年基本法）の作成に貢献していたのかは明確ではない[12]．

（補足）森林保護区（国有林）の総面積の推移；

このように定められた森林保護区（1907年；その名称は National Forest に）の区域数と総面積について，補足しておきたい．

2015年現在で154カ所，総面積1億8,833万6,179 acre である．

ちなみに，1891年から1945年にかけての推移は，表1－3のようである．

また，2015年9月30日現在の，全陸地面積22億7,000万 acre のうち，連邦政府所有地は，約6億4,000万 acre である．さらに，その連邦政府所有地のうち，森林局 Forest Service の管理地は，1億9,200万 acre である．かつ，そのほとんどが国有林に指定されている[13]．

(5)　ミューアが保護したかったセコイアとピンショの考え方：「再生可能な資源」の保護と保全をめぐる論点の不明確さ

第1節において既述したが，ミューアもつぎのように述べて木材生産の必要性は認めていた；(再掲)

「したがって，連邦政府は，ピンショ氏が示したように，許可証を与えることで森林を民間企業の所有に帰し，多かれ少なかれ，その急速な破壊に至らせることを拒んだ．しかしながら，政府の森林を遊ばせておくことはできない．逆に，それらを害することなく，できるだけ多くの木材を生産するようにしなければならない」(Muir, 1901：p.704)．

しかし，同時に，ミューアにとって千年を超えて生きるレッドウッドのような長寿命の巨木は特別な存在であった．レッドウッドのような自然は，神の化身のようなものであるから，そのような特別な存在である樹木は「保護」されなければならない，というのがミューアの思想の根本であった．

そのような樹木が，つぎつぎと伐採されたり，羊の放牧にともなう火災などによって失われていくことに，ミューアは心底耐えられなかったようである．そのことが，森林を管理する連邦政府への反感を生み，ピンショとの軋轢の原因ともなった．ただ，ミューアはメンター（良き師・良き助言者）として，ピンショに対して森林の重要性を，機会あるたびに幾度も幾度も語りかけたに違いない．ピンショとしても，その点については，ミューアとその考えを共有できたがゆえに，ミューアの期待に応えたい，という想いもあったと考えられる．不幸だったのは，二人の間で「どのような樹種を保護すべきなのか，どのようにそのような樹種の生育する森林を保護すべきか」などの，具体的な議論がなされなかった，と考えられることである．この点については，すでに国有林委員会最終報告書のところでも触れた．

政策志向の強いピンショに対して，ミューアはどちらかといえば理念を高く掲げるという傾向が強く，そのため，問題解決型の提案はあまり得意ではなかったようである．しかし，その反面，ミューアの人生そのものが，自然保護思想確立の歴史となった．

サージェントがミューアのひととなりを適切に表現したことばとして，その著書に記された献辞がある；

「自然を愛し，自然の解説者でもあるジョン・ミューアは，シエラの森の物語をもっともうまく語ってきた．この『北アメリカの樹木 *Silva of North America*』第11巻は，感謝しつつミューアに捧げる」(Badè, 1924：p.448)．

(6) ヘッチ・ヘッチーダム Hetch Hetchy Dam 建設をめぐる対立：「再生不可能な資源」をめぐって

ミューアとピンショの二人が政治的な立場を異にするようになったのは，ミューアが愛したヨセミテ国立公園のなかに，サンフランシスコ市とその周辺コミュニティのための水源ダム（ヘッチ・ヘッチーダム）を建設するという案件に対して，ピンショが賛成したからであった，とされることが多い．

ここでは，この二人が「再生不可能な資源」＝景観 landscape をめぐって，どのように考え，どのように行動したのか，その詳細を検証することによって二人の本質的な違いがどのようなものであったのか，考えてみたい．その際に，二人が対立を深めることになった理由が，すでに検討した「再生可能な資源」＝森林をめぐる場合とは異なり，なんらかの妥協案が成立しにくい場合である，という点に注目しつつ検証を進める．

しかしながら，そのような場合ではあったが，二人（二つの考え方）を代表としたひとびとの間において，それぞれ具体的な妥協案をめぐる議論があったことについても触れておきたい．さらに，そのような対案を準備したのが誰であったのか，という点についても検証する．それは，このような対立的な議論は，もともと妥協の余地がないものである，という前提で二人の立場が異なってしまったことについて記述されることがほとんどで，実は二人が相互に妥協点を探っていたことについては言及されることが多くないからである．

このダム建設をめぐる論争について，やや仔細に検証することによって，すくなくとも「再生不可能な資源」をめぐる対立の場合でも相対立するひとびとの間で，必ずしも議論の余地がまったくなくなってしまう，というわけではない，ということが分かる．もちろん，その結果が実りのないものである可能性は高い．事実，ヘッチ・ヘッチーダムをめぐっては，最終的に議会での多数派工作によって，サンフランシスコ市側の意向が達成されることになった．

しかしながら，その議論の過程こそが，人と自然の関係性がいかにあるべきか，という論点について，後継のひとびとが，自然の保護・保全を考える際に参照すべき重要な視点を与えてくれる．

ヘッチ・ヘッチー渓谷などにダムを建設して，サンフランシスコ市とその周辺の地域の水源とする，という提案は，1901年に本格化した．たとえば；

「政治力を市長室に統合して，フェラン Phelan（市長；引用者）は，C.E. グランスキーGrunsky を市の土木技師に選んだ．彼は，評価の高い土木技師で，後にアメリカ土木技術者協会 the American Society of Civil Engineers の会長になった．彼は，市の150 mile 以内にある代替性のある水源をすべて検証した．２年以上かけて，彼の助手たちは，北シエラのフェザー河 Feather River から，南シエラのトゥオルム河 Tuolumne River までの水源を調査した．彼は，1901年１月23日，公共事業委員会 Board of Public Works に手紙を送って勧告を行った．彼は，市は，エレノア湖 Lake Eleanor およびヘッチ・ヘッチー渓谷にダムを造り，トゥオルム河流域を開発することを勧告した」（Righter, 2005：pp.49-50）．

この勧告では，エレノア湖およびヘッチ・ヘッチー渓谷にダムを建設する，というのがその骨子であった．

これに対して，ミューアは，1908年４月21日付けのローズベルト大統領宛の手紙で，つぎのような提案をしている；

「エレノア湖にダムを建設することは，公園を大きく損なうことにはならない．そのダム湖は，チェリー・クリーク Cherry Creek（creek 支流；引用者）にある利用可能なその他の多くの流域や，公園の北境にある規模の大きいトゥオルム支流 Tuolumne tributaries によって，巨大な貯水池を形成する．それゆえ，わたしの知りうる最善の知識によれば，サンフランシスコの湾岸にある都市に対して，向こう一世紀にわたって，十分な水を，それもヘッチ・ヘッチーの水よりもより清浄な水を供給できる」（資料［1］）．

ミューアは上記のように述べて，ヘッチ・ヘッチー渓谷にダムを建設することなく，長期にわたってサンフランシスコの湾岸地域に給水できるとしながら，水源開発に対して全面的に反対する立場はとっていない．このグランスキーの勧告に対する代替案は，後述するように，実はグランスキーの発案であった．

このミューアの手紙に対して，ローズベルトは当時の内務省長官であったガーフィールド Garfield に手紙を送った（1908年４月27日付け）；

「ジョン・ミューアからの同封の手紙に目を通してください．現状，ヘッチ・ヘッチー渓谷に関して何らかの決定をすることは，わたしにはまったく不要なことである，と思われます．エレノア湖について許可し，そこで中止する，というのではいけないのですか？…（原文ママ）われわれがヘッチ・ヘッチー関連の作業について，ただちに行動をとらねばならない根拠はないように思われます」（Wolfe, 1945：p.313）．

この段階では，ローズベルト大統領はミューアに賛同する立場のようである．

グランスキーの，1901年勧告中の代替案についてみておきたい；

『意義深いことに，市の土木技師グランスキーは彼の勧告の中で，ヘッチ・ヘッチー渓谷を水没させることの代替案を提案していた．後々の出来事に照らして，彼の勧告は忘れ去られるべきではない．グランスキーは，渓谷にダムを建設することをむしろ選ぶとはしたが，彼は「サンフランシスコの需要に関しては，エレノア湖か，あるいは，ヘッチ・ヘッチーのいずれかで十分である」と信じていた．予見可能な将来について－グランスキーは，それを一世紀としていたが－彼は，自由に流れるトゥオルム河，エレノア湖のダム，チェリー・クリークの貯水権 storage rights およびスプリング渓谷水道会社 Spring Valley Water Company の四者を合わせた水資源で，市の（水；引用者）需要だけではなく，湾岸地域のコミュニティの分も含めた需要を賄うに十分である，と信じていた』（Righter, 2005：p.52）．

この代替案は，勧告中に記されていたとあるので，少なくとも勧告を目にする機会があったひとびとにとっては周知のことであった，と考えられる．どのような経路でミューアがこの代替案に接する機会を得たのかは不明であるが，シエラ・クラブの長であったミューアがこのことを知らなかったとは考えにくい．後述する同クラブのコルビーColby とピンショの関係からも，そのことが類推できる．

ピンショは，この水源開発に関しては，一貫して賛成の立場をとってきた．その考え方は，1906年４月18日のサンフランシスコを見舞った地震の被害によって，より強化されたようである．地震による火災の消火に十分な水が得られなかった，ということである．

ピンショは，1906年５月28日付けのマンソン Marsden Manson（サンフランシスコ市の土木技師）宛てに，つぎのような手紙を送っている；

「あなたの５月10日付けの手紙で，地震があなたの社会もあなたの勇気も損なうことがなかったと聞いて，とても嬉しく思っています．わたしは，サンフランシスコが復興に際して，ひとびとがヨセミテ国立公園からの水道水の供給を受けることができるようになることを，心から望んでいます．それは，おそらくこの世界の誰もの願いでしょう．わたしの権限の許す限り，いかなる援助も惜しむものではありません」（資料［２］）．

この手紙に現れているのは，ピンショがサンフランシスコ市を中心としたひとびとの生活をヨセミテ国立公園の景観よりも重視している，という姿である．

また，ローズベルト大統領も，1908年４月27日付けのミューアへの手紙の中で，微妙な胸の内を記している；

「わたしは，あなた(ミューアのこと；引用者)が指摘していることについて，どっちつかずに放置すべきではないかどうか,考えてみているところです．すなわち，あなたはエレノア湖にダムを建設し，サンフランシスコには，トゥオルム流域も含めて得られる水を世代を超えて供給する，としています．しかし，もちろんわたしはサンフランシスコが十分な水の供給を得ることについても取り計らわねばなりません」(資料［３］)．

さきの手紙の中でピンショは「わたしは，サンフランシスコが復興に際して，ひとびとがヨセミテ国立公園からの水道水の供給を受けることができるようになることを，心から望んでいます．それは，おそらくこの世界の誰もの願いでしょう．わたしの権限の許す限り，いかなる援助も惜しむものではありません」と記したが，その頃ミューアと会っている．ミラーによれば；

『1907年にミューアとピンショは,カリフォルニアで一日だけ,ヘッチ･ヘッチーについて議論するために会った．ピンショは，その渓谷を一度も見たことがない，と認めた．そして，ミューアによれば，それゆえ「ヨセミテ公園の一部としてのヘッチ・ヘッチーがいかに重要であるか知って驚いたようであった」』とされている[14]．

ミューアとピンショがこの件について話し合った時点で，ピンショが現地を見たことがなかったのに建設に賛成を表明している，と聞いたミューアは落胆したに違いない．

ミューアには，ヘッチ・ヘッチー渓谷の景観を守りたい，というだけではなく，ダム建設で利益をあげたい，という利益目当ての業者などへの反感もあった．

しかし，ピンショにしてみれば，現地の自然景観がどれほど優れたものであったとしてもサンフランシスコのひとびとの飲料水および災害時の用水の必要性に勝るものはない，という判断は変わらなかったであろう．ピンショの功利主義的思考は，彼の思考の根幹であり，その理念は揺るぎないものであった可能性がある．

ライターRobert W. Righterによると；

「1906年11月に，マンソンとレインLaneの強敵であったヒッチコック長官が内務省を去った．彼の後任は，たまたまピンショのよき友人であった．いくぶんか明瞭な意味合いで，ピンショはマンソンに，ヒッチコックの後任ジェイムズ・ガーフィールドJames Garfieldは，ヘッチ・ヘッチー地域における彼らの計画に対して，より前向きかもしれない，と手紙で伝えた」という[15)].

以上のような経緯をたどったわけだが，ピンショの果たした役割について，少し補足しておきたい．ジョーンズJonesは，ピンショと当時のシエラ・クラブのコルビーWilliam E. Colby[16)]との手紙のやりとりについて，つぎのように記録している；

『その間，フェランのグループは，1903年から1905年にかけて，ローズベルト大統領とギフォード・ピンショの注意を惹き，内務省のヒッチコック長官にかれらの申請書を再提出することに忙しかった．マンソンは，1905年に，サンフランシスコの計画に好意的なギフォード・ピンショ，ベンジャミン・アイド・ウィーラーBenjamin Ide Wheelerや他の大統領に近い友人たちの力を借りて，ローズベルト大統領と話し合い，首尾よくローズベルトを味方につけることができた．1905年の早くに，ピンショはコルビーにつぎのように書き送った；「あなたからの2月10日付けの内密の手紙をちょうど受け取ったところです．わたしも同様の方法でお返事をしたいと思います．と申しますのは，ニーダムNeedham下院議員から，わたしの大統領への勧告は公にしないようにと依頼されたからです．それゆえ，この手紙は厳格に守秘の対象です．わたしは1週間以上前に，つぎのような勧告をしました；まず，市が必要な申請を行い，かつ，必要な権利を取得すればいつでも，エレノア湖の使用を認める．2番目に，サンフランシスコ市と他の隣接市で，条件次第では起こりうるヘッチ・ヘッチーと大いなるトゥオルム草原 Big Tuolumn Meadow の貯水池予定地の使用については，彼らが必要とするそのときまで留保する．この勧告は，あなたが手紙の中で表明したこととほぼ同様のものであると，わたしには考えられます．わたしは，サンフランシスコ市が適切な水の供給を受けるべきである，と痛切に感じます．そして，わたしには，内務省長官の決定は，単に法律上の細かい規定に基づいているもので，状況の必要性に応えることにはまったく失敗したものと思えます．他方で，わたしは，ヘッチ・ヘッチーをその原初の美しさで保護することが，非常に望ましい，という点に関しては，あなたに同意します．ただし，おおいなるコミュニティのグループへの水の供給のような，きわめて重大な事柄と深刻な干渉を生じない限り，です．わたしの知りうる限り，エレノア湖からもたらされる以上の供給が求められるようになるまでには少なくとも50年，あるいはその倍以上の期間がかかるでしょう』[17)]．

この記録からは，ピンショが政治家としてローズベルト大統領のそばでいつも調整役を果たしていた様子がみえるようである．

他方，ミューアが主催していたシエラ・クラブの対応としては，1910年のことであったが；
「シエラ・クラブの会員間での，ヘッチ・ヘッチー渓谷の利用に反対するか，という投票では，反対589対賛成161（反対79％；引用者）であった」．サンフランシスコ市の技師マンソンもまたクラブのメンバーだった，ということからも，この頃までにはシエラ・クラブには多様な関心のひとびとが参加するようになっていた，ということが分かる[18)]．

以上のように，1905年にはピンショの側において，シエラ・クラブのコルビーから打診された妥協案への，政府内での合意形成の努力がみられた．また，ミューアも1908年には，ローズベルト大統領に，まったく同じ内容の対案を提示している．

このような二人の努力は，「再生不可能な資源」である景観に関して，「すべて」か「無」か，という選択を迫られる中で，両者が互いに打開策を探ったことを示している．

ミューアを「師」としてきたピンショにとって，たとえ自らが官僚あるいは政治家として自立したとしても，ミューアの存在を完全に無視することは難しかったのではないだろうか．また，シエラ･ネバダの山中で，キャンプ生活をともにしたローズベルトとしても，同様であった．ただ，ピンショとローズベルトの二人には，サンフランシスコ市とその周辺コミュニティにくらすひとびとの便益もまた,評量すべき重要なことがらであった．

他方，ミューアはどうであったか．1901年にヘッチ・ヘッチーダム建設が本格化した当初は，当時の内務省長官ヒッチコックが，国立公園内の水源開発そのものに反対していたこともあって，ミューアやシエラ・クラブが介入する余地はあまりなかった．

しかし，長官がヒッチコックからガーフィールドに交代した1907年５月以降は，この前提が崩れた．このことが，ミューアがローズベルト大統領に手紙を書くきっかけになった，と考えられる．ただし，その頃までには，サンフランシスコ市の関係者の政治活動によって，ミューアは一歩後退せざるをえず，グランスキーの妥協案を自ら提示するほかなかった，とも考えられる．しかし，このミューアの姿勢には，ピンショと共通する政治的妥協への配慮がある．

つぎにみるように，最終的には，ヘッチ・ヘッチーダム建設をめぐる判断は行政の手を離れ，議会の手に委ねられることになった．その結果，ロビー活動に力を発揮したサンフランシスコ市が全面的に勝利することになった．おそらく，ピンショにとっては，当初からの予測どおりだったのかもしれないが，ミューアにとっては残念な結果であったろう．

二人とも，直接ことの是非を話し合う機会は一度だけだったかもしれないが，少なくとも，グランスキーの妥協案を支持することで打開策を探ろうとした，という点は記憶にとどめたい．

このヘッチ・ヘッチーダム建設をめぐる論争は，最終的には，議会で決着をみることになった．簡単にその経過をみておきたい．

まず,「(1913年；引用者) 9月3日に，レイカー法案 Raker bill は，183対43の大差をもって下院で可決された」(Righter, 2005：pp.60-61)[19].

さらに上院でも；

「(12月6日；引用者) 12：00 P.M. に投票が行われた；可とするのも43，否とするもの25，欠席27であった」(Righter, 2005：p.131).

最終的には；

「1913年12月19日，ウィルソン Woodrow Wilson (大統領；引用者) は法案に署名した」(Righter, 2005：p.131).

そして；

「ミューアは，1914年のクリスマスイブに亡くなった．ウィルソンがレイカー法案に署名したほぼ1年後であった」(Righter, 2005：p.133).

また，ピンショはすでに1910年に，ローズベルト大統領の跡を継いだタフト大統領 Taft によって解任されていた．

(7) 1964年ウィルダネス法 Wilderness Act への道

ミラーは，19世紀後半から20世紀にかけての環境政策の歴史をふりかえって，つぎのように指摘している；

「環境面での政治や政策をめぐる議論の伝統から，国有林や国立公園制度が生み出された．そして，(ヘッチ・ヘッチーダム建設をめぐる論争から；引用者) 国有林内のウィルダネス・エリアという考え方が創案されたのであった」(Miller, 2001：p.144).

第6章でも触れることになり，内容が重複することになるが，本節でも少しウィルダネス法成立に至る背景の説明をしておきたい．

本章で検証してきた19世紀後半のミューアとピンショを代表とする二つの思想の形成過程において，保護すべき自然景観を有する地域を国立公園化し，さらに，国有林 (森林保護区) を，保護すべき森と，資源として管理すべき森とに区別して管理する，ということになった．

しかしながら，20世紀になると，アメリカ合衆国では自動車の普及にともなって，西部地域の国立公園と国有林とを問わず，その観光開発が深化した．その結果，人間がその身ひとつで体験できるような「自然」が損なわれ続けるのではないか，という危惧が生じることになった．このことに危機感を抱いたのが，ウィルダネス・ソサエティ Widerness Society を中心としたひとびとであった．ミラーのいう，ウィルダネス・エリアとは保護されるべき自然の中でも，とくにその重要性の高い地域のことで，ウィルダネス・ソサエティのひとびとの目的は，これを法的に強く保護しよう，というものであった．

この目的のために，ボブ・マーシャル Bob Marshall らは，1935年1月20日にワシントン D.C. にあるコスモス・クラブ Cosmos Club で正式にウィルダネス・ソサエティを設立した[20]．

そして，ウィルダネス・ソサエティの活動の目標は，ウィルダネス法 Widerness Act の制定に向けられた．この法律の制定に誰よりも尽力したのが，ウィルダネス・ソサエティの書記であったハワード・ゾニサー Howard Zahniser であった（1906年2月25日－1964年5月5日．書記になったのは1945年で，亡くなるまで本職を努めた）．以下に述べるウィルダネス法の原案を1956年に作成してから亡くなるまで，一貫してこの法律の成立に尽くした．残念ながら，法律の成立（1964年）直前に帰らぬ人となった[21]．

つぎに，ウィルダネス法の概要に触れておきたい．また，時期的には，さらに先の話になるが，この法律にもとづいて，アラスカ州においても，1980年アラスカ・ナショナル・インタレスト・ランズ保全法 Alaska National Interest Lands Conservation Act が制定されることになる[22]．

ウィルダネス法は，その第2項(c)（Section 2.(c)）において，ウィルダネスの定義をつぎのように行っている．

「[Definition of Wilderness]（Section 2.(c)）

ウィルダネス（原生自然地域）とは，人間とその工作物とが，景観を支配しているような地域に対して，地上とその生命のコミュニティが人間によって制約されていない untrammelled，かつ，人間はそこにとどまらない訪問者であるような場所のことをいう」[23]．

また，国有ウィルダネス保護システムの範囲として；

『National Wilderness Preservation System－Extent of System [Section 3.(a)]

1964年9月3日の少なくとも30日以前において，農務省長官または森林局長官によって，「ウィルダネス wilderness」「野生 wild」あるいは「カヌー canoe」に分類された classified 国有林内のすべての地域は，これによってウィルダネス・エリア wilderness areas に指定される』．

さらにこのウィルダネス・エリアの妥当性を評価するために，内務省長官が大統領に提出すべき報告書についても，つぎのように規定している；

「[Section 3．Report to President. (c)]

内務省長官は，1964年9月3日現在の国立公園 national parks，国定記念物 national monuments，国立公園制度 national park system のその他の要素，さらに，国立野生生物保護区 national wildlife refuge および狩猟区 game ranges の連続した5,000 acre 以上のすべてのロードレス・エリア roadless areas を評価し，それぞれのエリアあるいは島が，ウィルダネスとして保護される適切性を有するか，あるいは保護するには不適切か，1964年9月3日から10年以内に大統領に報告しなければならない」．

この法律においては，以下のような禁止事項が明記されている．

「[Prohibition of Certain Uses]（Section 4.(c)）

この法律に具体的に規定され，かつ，現行の個人の権利として認められた場合を除いて，この法律によって指定されたウィルダネス・エリアにおいては，営利目的の commercial 企業活動も，また，いかなる恒久的な道路も認められない．また，当該地域において本法律の執行のために最低限度の必要性を満たす場合（たとえば，当該地域におけるひとびとの健康と安全に関わる，緊急に必要とされる手段を含む）以外には，仮設の道路や動力をともなう車両，動力機のついた装置あるいはモーターボート，航空機の着陸，その他一切の機械的な輸送機関，および，地域内のあらゆる構造物や設備は認められない」．

このウィルダネス法をめぐるゾニサーの発言を読むと，この法律が成立するまでにゾニサーが経なければならなかった政治的妥協がしのばれる．

たとえば；

『「われわれは，牧畜業者，製材業者，鉱山業者およびすべての利害関係者と，真に国民的で永続的なウィルダネス保護計画の発展に関して，協力しあえることを心から望むものである」と彼（ゾニサーのこと；引用者）は *Salt Lake Tribune* 誌に寄稿した』[24]．

最後に，ゾニサーのつぎのことばを引用して，この節を終えたい；

「わたしたちは，保護主義者として実効性ある者でありたければ，保全主義者としての外套を着用しなければならない（として振る舞わなければならない；引用者）」[25]．

このゾニサーのいう「保護」と「保全」という概念は，本書での定義に一致するものである．つまり，ミューアとピンショが，ともに歩んだといえる1891年（森林保護区法）から1913年（ヘッチ・ヘッチーダム建設が議会で承認される）までの20年ほどの期間の経験を経て，今日通常使用される意味での「保護」と「保全」という概念が成立するようになった，ということである．すでにみたように，ミラーのいう「ウィルダネス・エリア」が，とくに「保護」すべき自然として，さらに区別されるようになるまでには，1964年までの時間を要した，ということである．

注

1）加藤則芳は「ときの内務長官がジョン・ノーブルだったことが歴史の幸いでもあった．以前からジョン・ミューアのファンだったノーブルは，ベンジャミン・ハリマン大統領に，ウィルダネスを保護することの重要性を強く進言し，国立公園が実現するためのさまざまな努力をおしまなかった．こうして，1890年10月1日，ミューアたちの悲願であったヨセミテ国立公園が発足した．そして同じくセコイア国立公園とジェネラル・グラント国立公園が発足した」と指摘している（加藤，2012：pp.

278-279）.

2）Muhn, 1992 : p.9/20.
　ただし，「ワシントン・バースデイ保護区」と呼ばれたものは，13の新たに設立された森林保護区の総称である．これらと，1897年以前からのものと合わせて，その総面積は，2,137万9,840 acre となった（1 acre≒0.4 ha）.

3）Williams and Miller (2005)：p.36の写真のキャプションとしての文章である.

4）以上，Miller (2001)：pp.142-143.

5）ただし，原文にはインデントがない．'Boston's Arnold Arboretum : A Place for Study and Recreation'中，'Reading 2 : Olmsted's Views on Parks'. https://www.nps.gov/nr/twhp/wwwlps/lessons/56arnold/56arnold.htm［Accessed Dec. 9, 2016］.

6）Miller, 2001 : p.120. ただし，ピンショが記した「9月5日」という日記の日付けに関しては，ミラーは，同書p.400の注1.で，ピンショの日記原本により，この日は1897年9月6日であったとしている．また，リニー・マーシュ・ウルフの原文は：Wolfe (1945)：p.275にある.

7）Steen (ed.), 2001 : p.73. この記述から，ピンショが羊の放牧による森林火災について見聞した，あるいは，ミューアから教えられたことが分かる.

8）Pinchot, 1947 : p.179. また，このコーヴィルは「農務省の植物学者 Botanist of the Department of the Agriculture であり，コーヴィルは，（オレゴンで；原文ママ）森林における西部地域の羊の放牧の影響を最初に研究した人物であり，それによって，放牧管理の基礎を据えた」．二人は，1900年5月28日から「3週間を費やし，西部地域の放牧業の歴史に残るほどのことを成した」という（同p.177）.

9）Pinchot, 1947 : p.181. このような記述の背景には，当時，羊などの放牧業者は公有地上での自由な放牧を既得権として求めており，政府がその既得権に介入しようとする森林保護区の設定には反対であった，という事情がある．すなわち，森林保護区を拡張しようとすれば，放牧業者との間に，なんらかの妥協策が必要であり，その方策が公有地上の放牧を禁止するのではなく，政府が放牧を管理し公有地を保全する，ということであった．このとき以降，公有放牧地の管理は連邦政府の重要な政策課題であり続けている（奥田（2008）参照）.

10）たとえば，ミラーは，二人の関係をつぎのように考察している；
「（ミューアとピンショの二人の；引用者）ことばと好意にもとづく絆には限度があり，1890年代の終わり頃には限界に達していた．その頃，彼らの個人的な往復書簡と公的な関係性は，以前の良き助言者と学生という段階から，もはや適切な，あるいは良好なものとはいえない新たな段階に入っていた」（Miller, 2001：p.136）.

11）スティーンは『今日，事実と思われているピンショとシエラ・クラブの創設者であるジョン・ミューアとの仲違いについては，多くが語られてきた．その仲違いは，保全 conservation という根っこから保護 preservation が分岐したことを説明する．これら二人は，1896年の米国科学アカデミー森林委員会の調査においては，うまくやっていたし，1899年に１週間近く一緒に過ごしたときにも，再び彼らはお互いに友人同士として大いに楽しんだ．ピンショは，ミューアと一緒に旅するのは「すばらしいことだ」と記録した．仲違いがあったとすれば，それはピンショが課長chiefとしての身分を得ていた終わり頃，ヨセミテ国立公園内のヘッチ・ヘッチー渓谷のダム建設をめぐる論争の期間中であった．ミューアにとっては，彼自身が，あるものごとについて，どのように感じているか語ることは，いつも困難を覚えることであった．それというのも，彼はいつも決まって壮大なことば使いをしたからであった．彼はかつてピンショに，森林管理に関して彼を励まそうとして「地球上の緯度と経度の曲線のように，はるか遠くまで，広く，影響を行き渡らせよ，影響を行き渡らせよ，影響を行き渡らせよ」と書き送った』（Steen (ed.), 2001：p.89）．

12）ピンショは，西部調査時点の1897年内務省に，その後1898年には，フェルノウを継いで，農務省森林課課長になった．サーキュラー21（1898）に関しては，ピンショが作成した（署名もある）が，それ以前の法律に関しては，内務省所管であり，それらに対してピンショがどの程度の影響力を有していたか，不明である．

13）資料；Vincent, Carol Hardy, Laura A. Hanson, and Carla N. Argueta, *Federal Land Ownership : Overview and Data*, Congressional Research Service, March 3, 2017による．
https://fas.org/sgp/crs/misc/R42346.pdf［Aug. 3, 2017］

14）「　」内は，ミューアのことばである（Miller, 2001：p.140）（当時ピンショPinchotは40歳であった）．

15）Righter, 2005 : pp.60-61. ただし，内務省のホーム・ページによると，イーサン・ヒッチコックEthan Hitchcockの公式的な長官在任期間は，Feb. 20, 1899－Mar. 4, 1907で，ジェイムズ・ガーフィールドJames Garfieldのそれは，Mar. 5, 1907－Mar. 5, 1909となっている（https://www.doi.gov/whoweare/history/［Accessed Oct. 3, 2017］）．

16）コルビーは，1898年にシエラ・クラブに参加し，1900年から1906年の間，書記を務めた．
http://vault.sierraclub.org/history/colby.aspx［Accessed Sep. 16, 2017］

17）Jones, 1965 : pp.92-93. また，引用文中のピンショの手紙は，同書p.93の原注39によれば，Gifford Pinchot to William Colby, February 17, 1905, *The Johnson Papers*, box 8, folder no. 621である．

18）Sierra Club, Timeline of the ongoing battle over hetch hetchy.
http://vault.sierraclub.org/ca/hetchhetchy/timeline.asp［Accessed Dec. 15, 2016］, p.2/7.

19）レイカーRakerとは，John E. Rakerのことであり，ヘッチ・ヘッチーダム建設を認めた法案であった．

20）Sutter, 2005 : pp.3-6. ウィルダネス・ソサエティの設立に関与した人物としては，マーシャル以外に，ハロルド・アンダソン Harold Anderson，ハーベイ・ブルーム Harvey Broom，ベントン・マッケイ Benton MacKay，ロバート・スターリング・ヤード Robert Sterling Yard，アルド・レオポルド Aldo Leopold，アーネスト・オーバーホルツァEarnest Oberholtzer などがいた．

21）Sutter (2005) : p.XI and p.XII，ただし，p.XI および p.XII の Foreward 部分の執筆者は，ウィリアム・クロノン William Cronon である．

22）「1980年にカーター大統領は，アラスカ・ナショナル・インタレストランズ保全法に署名した．それは，アラスカ州の5,000万 acre 以上をウィルダネス・エリア（または「地域」；引用者）に指定するものであった」（Harvey, 2005：p.246）．なお，その具体的な詳細については，第６章で述べる．

23）資料［４］．以下，条文は，すべてこの資料にもとづいている．

24）Harvey, 2005 : p.205. ただし，ゾニサーが苦労を重ねた政治的な妥協の詳細については，同 pp.186-244参照．

25）Harvey, 2005 : p.237.

また，ゾニサーは，ソロー学会 Thoreau Society の学会長を，1956年から57年にかけて務めた（http://www.thoreausociety.org/about/presidents#zahniser［Accessed Oct. 20, 2017］）．

そして，ゾニサーは自らの便せんに，ソローThoreau のことば「ウィルダネスにこそ，万物 world の保護が存する“In Wildness is the Preservation of the World”」を記した，という．

資料

［１］ Letter from Muir to Roosevelt, April 21, 1908.
http://www.oac.cdlib.org/ark:/13030/kt667nf1gc/?order＝2&brand＝oac4［Accessed Jun. 12, 2017］

［２］ Letter from Pichot to Manson, May 28, 1906.
http://oac.cdlib.org/ark:/13030/kt767nf1ww/?brand＝oac4&layout＝metadata［Accessed Jun. 12, 2017］

［３］ Letter from Roosevelt to Muir, April 27, 1908.
http://www.oac.cdlib.org/ark:/13030/kt40003392/?brand＝oac4［Accessed Jun. 12, 2017］

［４］ (Short Title) Wilderness Act Public Law 88-577 (16 U.S.C. 1131-1136)
88th Congress, Second Session Sept. 3, 1964
（正式名称）An Act to establish a National Wilderness Preservation System for the permanent good of the whole people, and for the orher purposes.
www.wilderness.net/nwps/legisact［Accessed Feb. 26, 2016］

第2章　アラスカ先住民による木材生産と持続可能な森林管理－アラスカ先住民の株式会社corporation方式による土地所有権の確立過程について－

第1節　はじめに

アラスカ州の総面積（陸地）は，およそ3億7,160万acre（約149万km^2）で，内訳は，連邦所有地2億4,200万acre，州有地8,950万acre，および先住民所有地3,740万acre（その他に，先住民以外の民有地が270万acre）である（2000年現在）．

アラスカは1867年にロシアから譲渡されたが，「1971年アラスカ先住民の請求にもとづく継承的不動産設定法」Alaska Native Claims Settlement Act（ANCSA）まで土地の所有権が確定されなかった．ただし，1884年基本法Organic Actにおいて，土地の最終的な配分は，将来，連邦議会の立法によって定める，とされた．さらに，1958年アラスカ州制定法Alaska Statehood Actは，州政府自身がおよそ1億255万acreを取得するなどとした（Sec. 6.(b)）．

本章では，1971年ANCSAにおいて，アラスカ先住民（Indians, Aleuts, and Eskimos）が，株式会社corporation方式にもとづいた土地所有権の確立を図ってきた経過を明らかにする．以下第2節では，まず，主として旧48州においてアメリカ先住民の自立に向けた株式会社方式の土地所有が提案されるようになった経緯についてみてみたい．さらに第3節では，ANCSAの起案に関わったバリー・ジャクソンBarry Jacksonの考え方を振り返りながら，ANCSAにおいて，最終的に株式会社方式はどのような形で具体化されたのか，検証する．

第2節　アメリカ先住民の自立に向けた株式会社 corporation 方式が具体化されるまでの経緯

（1）　メリアムレポート Meriam Report（1928年）以前

1887年に制定された土地配分法 General Allotment Act は，旧48州の先住民に，彼らの居住地を個人単位で分割所有することを認めた（アラスカへの適用は1906年）．それによって，先住民が外部世界に同化していくこと assimilation が期待された．

しかしながら，しばしば，個人所有化された土地は，25年の信託期間中猶予されていた固定資産税（州政府）の支払いが発生したとたんに，その支払いが困難なために売却され，先住民が生活の場まで失ってしまうような事態がみられた．また，分割所有化されなかった土地は連邦政府によって非先住民の定住に供された．その結果，先住民の保有する総土地面積は，1887年から1934年の間に，1億3,800万 acre から4,800万 acre へと大幅に減少した．土地配分法は，先住民の窮乏化に拍車をかける，という結果になった（Canby Jr., 2009：pp.21-24）．

以上のような状況に対して，1910年代に入る頃には，土地の分割所有化をやめ，株式会社方式で共有財産を管理する方式が提案されるようになった．

たとえば，ローラ・コーネリアス Laura Cornelius（結婚後；Laura Kellog；オナイダ族 Oneida 出身）は，1911年のアメリカインディアン協会 Society of American Indians の創設に際して，インディアン株式会社の設立を提案した．インディアンの資産に関する法的保護を失わせることなく，インディアン局 Bureau of Indian Affairs の権限を制限し，インディアンの独自の意思決定が可能となること，がその目的であった．

この株式会社方式の条件としては，①株式の保有数に関わらず，議決権は一人１票とする　②株式の譲渡には，取締役会全員の合意が必要であり，かつ，社外への譲渡は認められない　③株式会社の資産は連邦政府の信託財産 trust status とする（ただし，一定期間経過後，信託は解除され，課税対象となる），などが考えられた．このような考え方は，新部族主義 new tribalism とも呼ばれた（Rusco, 2000：pp.123-124）．

（2）　メリアムレポート

メリアムレポートの目的は，1920年代の先住民政策の問題点を洗い出すことにあった．そのため，実態調査は，ほぼすべての西部諸州におよび，居留地，先住民保護事務所 agencies，病院や学校，および先住民が移住した先のコミュニティにもおよんだ．訪問先総数は，95カ所であった．

この報告書で株式会社適用の実験対象となりうる，と考えられたのは，オレゴン州のクラマス居留地 Klamath Reservation とウィスコンシン州のメノミニー居留地 Menominee Reservation であった．これらの居留地は，豊かな森林資源に恵まれていた；

「したがって，問題は（森林；引用者）資産を全体として，大いなる国家的資源として，どのように保全すべきか，また同時に，現在の所有者である先住民の発展のためにいかに活用すべきか」である，と考えられた．

当時は，木材の売上は，いったん部族基金 tribal fund に収納され，ひとびとの必要に応じて配分されていた．ときには，個々人に直接現金で支払われた．

そのため，クラマス･インディアンの中には，「ただちにすべての木材を販売し，その収入を個人に配分」する，という提案をするものもあった．

しかしながら，本報告書のスタッフは森林域を個々人に分割して配分する（allotment）という考え方には反対であった．国家経済の観点からみた場合，森林の伐採跡地についての最善の策は，これを森林に戻すことである，と指摘した上で，個人個人にはその植林および管理にかかる費用を負担できるだけの資金もなければ，そうすべき動機付けも働かない，としている．ここに，居留地内に株式会社を組織し，伐採による利益を株式の配当を通じて先住民に配分しつつ，森林の保全も図っていく，という方向性が成立する．ただし，株式会社の取締役会メンバーには，当面の間，連邦政府関係者を含み，連邦政府の法的規制に従って運営されるものとする，とされた．そして，この間に，先住民のひとびとは，資産管理の経験を積むことができる，ともした[1)]．

（3） 1934年インディアン再編成法 Indian Reorganization Act（アラスカへの適用；1936年）

インディアン再編成法の趣旨は，株式会社方式によって先住民の生活の改善を図る，という点にあった．1933年にインディアン局長官に就任したジョン・コリア John Collier は，メリアムレポートにも触発され，この法律の成立に努めることになった．

本法律は，先住民に対し，①内務省長官の設立認可による株式会社方式にもとづく経済活動の権利や，自治のための規則を定めることなどを認める，とした．この株式会社の活動に必要な費用を賄うために，上限1,000万ドルのリボルビング基金 revolving fund が予算化された．また，職業教育のための費用も予算化された．ただし，②1887年土地配分法などによる居留地の個々の先住民への分割配分を今後は認めない，かつ，③いかなる先住民の土地に関する信託統治についても，今後法律上の変更が生じない限り，これを継続する，とした（Berger（1985）参照）．

本法律は，個人主義的な株式会社方式（①）と，居留地･信託統治方式による アメリカ先住民の保護（②および③）とを同時に追い求めるものであった．

第3節　ANCSA成立にともなう株式会社による土地所有の経緯とその結果

第二次世界大戦に出征した先住民の若者たちは，外部世界への社会進出の一兵士でもあった．戦争が終わった年，インディアン局長官ジョン・コリアも退任した．それとともに，コリアを中心とした新部族主義のひとびとも，一線を退いていった．そして，そのあとには，信託統治の終結 termination によって「自主独立できる」あらたな先住民像が形作られていくことになった．

以上のような背景のもと，アラスカ州では，1950年代の後半には，1884年基本法に認められていた先住民の土地所有権の確立に向けた動きが活発化していった．

たとえば，1958年州制定法に定められていた1億255万 acre の土地取得の権利にもとづいて，州政府は1961年にミント・レイクス地域 Minto Lakes region をリクリエーションエリアとし，フェアバンクスからの道路を建設しようとした．この開発計画は，先住民の既得権としての狩猟，漁労およびその他のわな猟と干渉することになった．

かつ，1966年に先住民側の統一的な交渉団体アラスカ先住民連合 Alaska Federation of Natives が結成され，ここに州政府対先住民，という対立の構図ができあがった．

そして，1968年ノース・スロープ North Slope のプルードウ湾 Prudhoe Bay で，Atlantic-Richfield Company と Humble Oil の2社によって大型の油井が発見された．この油井から原油をアラスカ州外に搬出するには，南の不凍港バルディーズ Valdez までパイプラインを敷設することが必要であった．そして，このパイプラインを敷設するには，土地の所有権の確定がまずもって不可欠とされた．なぜならば，1884年基本法は，「先住民の現状の土地利用を妨げない」としていたため，このパイプラインの敷設には，土地利用をめぐる先住民との係争が不可避だったからである．

しかしながら，時間が前後するが，1966年にはすでに当時の内務省長官スチュワート・ユードル Stewart Udall によって「土地（収用）凍結 land freeze」が宣言されていた．これは，先住民の土地取得候補地の選択が終わるまでは，州政府の土地取得を棚上げする，というものであった．そのため，原油採掘の 2 社だけではなく，原油採掘のリース lease 料（採掘権料）を収受する州政府にも，土地所有権の解決を急ぐ理由があった．

（1） 信託統治の終結と株式会社

1953年以降本格化した旧48州における信託統治終結の際には，各部族が本来有していた土地の所有権を放棄することに対して，連邦政府による補償が行われた．ここでは，先行事例として，クラマス・インディアンについてみておきたい．

クラマス・インディアンの場合は，1961年に信託統治の終結が図られた．その際，連邦政府の信託下に残るか否か，個々人が投票することになった．その終結の具体的な内容は，以下の 3 点であった．

①全投票登録者数2,133人中，1,659人は，土地所有権の放棄と引き換えに，補償金（一人当たり 4 万3,000ドル）を得ることを選んだ．

②信託下に残留することを選択したのは，積極的に投票した80人および投票しないで自動的に残ることになった378人を加えた458人であった．しかしながら，これらのひとびとも1969年には信託関係の解消を選ぶことになった（総投票者数が全投票登録者数に一致しない理由は不明である）．

③信託関係の下にあった1961年以降，残留したひとびとには自分たち自身に関する決定の自由な権限がなきに等しい状態に置かれた．

①および②の結果得られた補償金は，価格が不当に吊り上げられた自動車やテレビ，その他の消費財などに費消されてしまい，やがて元の貧しさに戻ってしまった事例が少なくなかった，という[2)]．

ANCSA の要求が本格化した1960年代には，これらの事実はアラスカ先住民の知るところであった．

（２） ANCSA 原案の作成とバリー・ジャクソン Barry Jackson

バリー・ジャクソンは弁護士出身の政治家で，1968年に州知事の下に設置されたアラスカ土地請求作業組織 Alaska Land Claims Task Force に参加し，ANCSA の起案に携わった．そのため，ANCSA には，ジャクソンの考え方が少なからず反映されている．クラマス・インディアンのように，信託統治の終結にともなう処理において，土地を失うことの危険性をジャクソンは十分に認識していた．また同時に，アラスカ先住民のほとんどが新たな居留地の設立に反対である，ということも確かなことであった．したがって，ジャクソンにとっての選択肢の幅は，実はそれほど広くはなかった．

すなわち，①居留地という形式は採らずに，自分たちの土地は保持する　②また同時に，コミュニティ外に居住する先住民との連携が保たれるよう，努力する　③かつ，インディアン局の介入はできるだけ排除し，先住民の自由度を確保したい，というのがジャクソンが考える ANCSA に盛り込まれるべき主要な点であった．先住民にも，ふつうの「アメリカ人」として，移動，職業選択の自由が必要である，とジャクソンは考えた．さらに，自給自足生活 subsistence のひとびとにも，十分な生活の基盤を残したい，という条件もあった．

以上の条件を満たすものとして，株式会社方式の土地所有が提案されるにいたった．ただし，インディアン再編成法におけるそれが連邦政府（内務省）認可であったのに対して，ANCSA のそれは州政府認可である点が異なっている．ここにも，地域の自主性を重視しようとするジャクソンの考え方がよく反映されている．

この株式会社方式は二重構造になっており，アラスカ州内の先住民所有地が12の地域会社 regional corporation に分割され，かつその地域会社内に総計で200余のコミュニティ会社 village corporation が存在する（「コミュニティ」の定義は，人口の半分以上が先住民，かつ，その人数は25人以上，というものである）．そして，コミュニティ会社には，土地表面 surface estate の権利だけが配分され，地下 subsurface estate（資源）の権利は，地域会社に配分された．このことが意味するところは，個々のコミュニティの土地保有を確実なものとした上で，地下資源の管理を地域会社が行い，その利益の配分に責任をもつ，ということである．詳細については，以下で述べる[3)]．

（3） ANCSA

1968年1月には，ANCSA 原案がアラスカ土地請求作業組織によって提示された．以後1971年の連邦議会 ANCSA 成案に至るまでには紆余曲折があったが，つぎの3項目が骨子である点は変わらなかった．ひとつは，ANCSA によって先住民が土地を喪失することへの補償金を連邦政府が支払う，ということ．二つには，州政府も先住民が失うことになった土地から産出する原油採掘などのリース料の一部を補償金に充てる，ということ．および，土地は株式会社をその所有主体として配分する，ということであった．

アラスカ先住民に配分された土地総計4,000万 acre の内訳は，

①コミュニティ会社には，土地表面の所有権を2,200万 acre 分（森林資源および自給自足生活用）

②地域会社には，土地表面および地下部分両方の所有権を1,600万 acre 分（かつ，①2,200万 acre の地下部分の所有権も地域会社に配分）

③残りの200万 acre の土地表面および地下部分両方の所有権；たとえば，墓地や歴史的史跡などは，これを地域会社に移管する，

ということであった．

以上により，地下資源の利用については，地域会社にその管理を委ねることになった．また，連邦政府および州政府からの補償金の配分についても同様であった．その理由としては，信託統治による居留地を認めない場合，インディアン局（連邦政府）に代わる資産管理主体を必要とした，という事情もあった，と考えられる．

さらに，本法 Sec. 2.には，次のように記された；

「継承的不動産処分 settlement は，先住民の実際の経済的および社会的必要性に適合する形で，速やかに，確実に成し遂げられなければならない…（中略；引用者）…居留地システムや信託統治を作り出すことなく…（後略；引用者）」と．すなわち，ジャクソンらが望んだように，インディアン局との間に距離がおかれることになった．

さらに，信託統治下にあったアラスカ州内の居留地は廃止された．旧48州ほど多くはなかったが，アラスカ州内にも居留地が存在していた（ただし，Annette Island Reserve community に関しては，その成立の経緯から適用除外とした）[4)]．

第4節　おわりに

本章では，「corporation（株式会社方式）」を導きの糸として，1971年 ANCSA においてアラスカ先住民の土地所有権がどのような形で確立されるにいたったか，検証した．

本章によって，つぎの点が明らかになった．

1971年 ANCSA においては，株式会社方式による土地所有が，土地の個々人への配分（クラマス・インディアンの場合），あるいは，従来からの居留地（信託）方式に代わるものとして選択された．アラスカ先住民にとっては，土地の共有を前提とした経済的な自立および連邦政府のさまざまな規制からの自立が重要であり，その実現の手段として株式会社方式が選択されたのであった．

しかしながら，ある一定の地理的空間を先住民だけで占有する，という実態は，居留地方式と変わりはなかった．異なっていたのは，アラスカ先住民によって組織されたそれぞれの地域会社およびコミュニティ会社が管理主体となった，という点であった．連邦政府の管理下にあるのではなく，自分たちのことは自分たちで決することが，先住民が何よりも望んだことであった．

ただし，ANCSAは，アラスカ先住民の多様な課題を全面的に解決するには至らなかった．たとえば，スティーブン・マクナブ Steven McNabb が指摘するように；

「ANCSAは，本来，不動産継承のための法律であって，政治的，社会的，あるいは自給自足生活の調停のためのものではなかった」ために，後日いくつかの法改正などが必要となった[5)]．

また，株式会社方式が採用されたことの結果として，つぎの点が指摘されている．マクナブによれば，会計検査院による調査報告書では，1980年代中頃において，全ANCSA株式会社（地域会社およびコミュニティ会社）のほぼ半数が損失を出していた，という（Mcnabb, 1992）．このことは，株式会社経営の難しさを示すものとなっている．森林開発をめぐるコミュニティ会社の実態に関しては，次章で検証する．

なお，2005年現在，土地の最終的な配分は完了していない（Nathan Brooks（2005）参照）．

注

1）Institute for Government Research (Brookings Institution) (1928)：pp.462-466による．Quinaielt Reservation（Washington 州）においては，土地所有権をめぐる裁判の結果，個人単位で森林域を含む土地の配分 allotment が行われたが，木材の販売による個人の収益は一時的なものにすぎなかった点が指摘されている．

2）以上の詳細については，Fixico (1986)：p.185および，Ulrich (2012)：pp.45-70 and pp.203-214など参照．

3）Mitchel (2001)：p.97，pp.119-120 and pp.157-163による．また，1968年2月8日～10日にアンカレッジで開催された上院内務・島嶼情勢委員会 the Senate committee on Interior and Insular AffairsのS.2906（ANCSAの初期原案）に関する公聴会における60人以上の証言者（各先住民組織の代表者）のだれもが州政府認可の株式会社 state-chartered corporation に賛成だった．

4）以上，Alaska Native Foundation (1976)：p.146 and pp.234-272およびJones (1981) 参照．ただし，この4,000万acre以外に，廃止された七つの旧保留地のひとびとに対して，合計370万acreが配分された．これらの旧保留地についてはそれぞれ別個の，土地表面および地下部分の両方を所有する株式会社が設立された．なお，補償金の取り扱いの詳細については，参考文献［1］，pp.209-232など参照．

5）McNabb (1992) によれば，1971年ANCSAの改正について，つぎのように述べられている．トマス・バーガーThomas Bergerが指摘した株式会社の持続的な先住民による保持のために，

①（1971年法では，1991年以降は株式の株式会社外への譲渡が可能とされたが，それは，株式会社が外部資金によって買収される危険性を意味した→）1987年改正において，株式の売却には総会での過半数の決議が必要である，とした．

②（1971年法では，株式を保有できるのは，法律施行の日（12月18日）までに出生したアラスカ先住民に限られていた→）1991年改正によって，12月18日以降出生の者に対しても株式の発行を認めた．

資料

［1］ The Organic Act of May 17, 1884.

［2］ The Indian Reorganization Act of 1934.

［3］ The Composite Indian Reorganization Act for Alaska (1936) (Alaska Reorganization Act).

［4］ The Alaska Statehood Act ; July 7, 1958.

［5］ The Alaska Native Claims Settlement Act of 1971.

［6］ *Time*, Monday, July 24, 1950, INDIANS : Back Pay for the Utes.

第３章　アラスカ先住民による木材生産と持続可能な森林管理－1980年代南東アラスカ・先住民企業の木材生産と持続可能な森林管理－

第１節　はじめに

アラスカ州の歴史のなかでも，本章で検証する1980年代は特別な時期である．それは，アラスカ史上初めて先住民のひとびとが土地を所有することになり，ひとびとがその土地（森林）において，自分たちが組織した株式会社による企業活動を行う，という経験を持つことになった，という点にある．

「1971年アラスカ先住民の請求にもとづく継承的不動産設定法」Alaska Native Claims Settlement Act（ANCSA）の成立過程については，前章で論じた．この法律にもとづいて設立されることになった株式会社 corporation には，地域会社 regional corporation とコミュニティ会社 village corporation（コミュニティ（村）単位の会社）とがあるが，本章ではこれらを合わせて先住民企業 native corporations と呼ぶ．地域会社に対しては地上および地下の資源を含め，土地に関するすべての権利が配分されたが，コミュニティ会社には地上部分の権利だけが配分された．

1971年以前に先住民のひとびとが有していた，アラスカにおけるすべての権益と引き替えに，ひとびとは，この法律にもとづいて森林などの土地の配分および補償金を受けることになった．しかしながら，実際にその土地が配分されるまでには，ANCSA 成立後なお10年ほどの期間を要した（その詳細については，第６章で検証する）．

先住民のひとびとは，多くの場合に，このような経過を経て得ることになった森林を開発することによって企業的な利益をあげようとした．それは，ANCSA が「先住民のひとびとの経済的自立」を目的としたことの結果でもあった．

しかしながら，持続可能な森林管理を展望したとき，木材生産の周期の長さ（たとえば，南東アラスカでは数10年から100年以上という）は，1980年代以降の先住民企業の経営に大きな影響をおよぼした，と考えられる．

本章では，以上の点について，南東アラスカの森林面積規模の大きな地域会社（シーラスカ株式会社 Sealaska Corporation；以下，シーラスカ）と小規模なコミュニティ会社（フーナ・トーテム・コーポレーション Huna Totem Corporation；以下，フーナ・トーテム）を事例として，1980年代の経験を比較検討し，南東アラスカにおいて持続可能な森林管理を実現しうる森林面積の規模などについて考察する．

第２節　先住民企業による木材生産

（１）　背景；ANCSA と株式会社方式

ANCSA 中に，株式会社による経済的自立を図る，という原案を検討した際に参照されたと考えられるメリアムレポート（Meriam (1928)）の執筆者たちは，当時旧48州で進められていた居留地における個々人への森林の配分 allotment of timber land には反対であった．なぜならば，森林の管理には，長期的な視点と大きな投資（額）が必要になるからであった．長期にわたる持続可能な森林管理は，政府が対応すべきこと，と考えられた．また，株式会社方式による森林管理についても，ただちにこれを是とすることもなかった．結局，南東アラスカにおける ANCSA および「1980年アラスカ・ナショナル・インタレスト・ランズ保全法」Alaska National Interest Lands Conservation Act（ANILCA）によって，アメリカ合衆国史上初めて，先住民のひとびとによって組織された株式会社方式による森林管理の実験が行われることになった（Meriam, 1928：p.466）．

ANCSA において先住民企業は，「先住民のひとびとの経済的自立」を達成するための組織，と位置づけられた．ただし，アラスカ先住民のひとびとにとって企業活動の目的は，ときに企業活動による雇用の創出であったし，その収益を活用した子供たちへの教育投資などであった．すなわち，より長期的にみた地域経済の基盤強化もまた，株式会社が担うべき課題だ，と考えられていた（Colt, 1991：p.21）．このような長期的な課題を株式会社であるコミュニティ会社が担わざるをえなかったことがその経営をより困難なものとした．

かくして1980年代には，多くのコミュニティ会社は，木材生産についてみるかぎり経営に失敗することになった．その原因は，木材生産業における初期投資額の大きさを十分に考慮することができなかった点にあった．詳細については，以下（２）で述べる[1)]．

（２）　コミュニティ会社の1980年代

ANCSA にもとづく土地の配分は，1979年から本格的に始まった（Knapp, 1992：p.9 Table-3）．そして，当初の配分予定面積は，シーラスカに対しておよそ26万7,250 acre，また，各コミュニティ会社には，それぞれ２万3,040 acre であった．

土地の配分を受けて，1980年代に入ると各コミュニティ会社の木材生産が本格化する．表３－１にコミュニティ会社12社全体の木材伐採総量と地域会社であるシーラスカの伐採量の推移を示した．

コミュニティ会社の木材収穫量は，1982年から1986年にかけて劇的に増加した．しかし，この間，木材市場は不況であった．これとは対照的に，同期間，シーラスカの収穫量は1981年と同程度か，それ以下の水準にとどまった．そして，1987年に市場が好転すると急激に増加した（Knapp, 1992：

表３－１　シーラスカおよび全コミュニティ会社と森林局の木材収穫量の推移（推計値）

（単位：MMBF）

財政年	シーラスカ	全コミュニティ会社	合計	森林局
1979	－	19	19	－
1980	16	55	70	480
1981	45	77	122	387
1982	55	155	209	370
1983	25	207	232	250
1984	22	180	202	261
1985	50	214	203	232
1986	56	243	299	291
1987	101	234	411	336
1988	110	298	408	396
1989	80	533	613	445
合計	560	2,243	2,848	3,448

資料：Gunnar (1992)：p. 2　Table-1,　p.31 Table-11により作成.
MMBF；100万 Board Feet.（1 board foot＝1 foot×1 foot×1 inch.）

p.29).

また，表３－１をみると，コミュニティ会社の動向は，「森林局」(トンガス国有林)における伐採量の推移と比べても，特異なものであったことが分かる．この1980年代に「ほとんどの先住民企業は，土地を担保として，伐採業に参入するための設備や労働者雇用のために大きな借入金をした」．しかしながら，この借入金は会社の経営を圧迫する場合が少なくなかった．フーナ・トーテムもそのような会社であった（Durbin, 1999：p.145).

ANCSAによってシーラスカに配分された補償金は，9,300万ドル(名目額)であった．この数字を用いて，フーナ・トーテムに配分された補償金の総額を推計すると，およそ245万ドルであった(別途，ほぼ同額が株主である先住民のひとびとに個人宛配分された)．これが，フーナ・トーテムの資金の一部となった（Arnold, 1976：p.194,　p.218)：フーナ・トーテムへの配分総額は，総額を株主数比率で配分した．1971年当時，シーラスカの株主が１万6,500人で，フーナ・トーテムは868人であった．この補償金だけでは，木材生産に新規参入するには十分ではなかった，ということである（Colt, 1991：p.7 Figure 3）.

そして，実際には，この借入金の返済のために，1982年から86年にかけて，木材不況期にもかかわらず，フーナ・トーテムのようなコミュニティ会社は，伐採量を増やさざるをえなかった．当時のフーナ・トーテムの様子を，もう少し詳しくみてみたい．

たとえば，『1982年以来理事会の役員であったオジー・シークリーOzzie Sheakleyは，困難な当時のことをよく覚えている．彼は「フーナ・トーテムにあったものは木材だけだった．会社の経費を支払うためにちょうど十分なだけの木材を伐った．理事会の役員は役員報酬をあきらめ，最高経営責任者CEOは理事会に対して破産手続きに入ることを勧めた．…（中略；引用者）…もちろん，わたしたちは破産手続きはしなかった．しかしながら，破産の瀬戸際から抜け出すことは骨の折れることだった」と語った』（資料［1］，2009：p. 4）.

フーナ・コミュニティHoonah community（村）におけるフーナ・トーテムによる伐採は，1980年代に始まり，2000年まで続いた．フーナ・トーテムは，1985年までにフーナ・コミュニティ周辺の土地において，1,200 ha（およそ3,000 acre）以上伐採した．破産に直面して，1994年にはフーナ・トーテムは，彼らの土地の立木伐採権をシーラスカ木材会社Sealaska Timber Corporation（シーラスカの100％子会社）に売却した[2].

コミュニティのひとびとが景観やサケの生息域が損なわれる，と反対したにもかかわらず，シーラスカ木材会社は，1996年にフーナ・コミュニティ近くの山の斜面を集中的に伐採した．このような伐採は，「自然保護」派のひとびととの間に，生態系の保全をめぐる大きな軋轢を生じさせる結果となった（Cerveny, 2007：p.18）.

フーナ・トーテムは，初期の財政上の厳しい制約から抜け出すために伐採を行った．「われわれは，あまりに大きな負債を抱えていたので，大量の伐採をしなければならなかった」とフーナ・トーテムの会長でもあり，フーナ・コミュニティの長でもあったアルバート・ディック Albert Dick は言った.「われわれは，土地を担保 collateral とした．そして，それはひどい間違いだった．次の２～３年，われわれは再起のために，60～70 MMBF(100万 Board Feet)伐採した．…(中略；引用者)…しかし，他のひとびとは，(コミュニティ；引用者) 周辺での大量の伐採が，先々のシカの生息数に打撃を与えるであろうことを恐れた」(資料［３]，1988：p.2/3) [3)].

フーナ・トーテムと同様に，多くのコミュニティ会社が1982年から86年にかけての木材不況(木材価格の低下)に苦しんだ．しかしながら，多くのコミュニティ会社は，以下の第３節で述べる「営業純損失」の譲渡によって破産を免れたのであった．

(３)　シーラスカの1980年代

つぎに地域会社であるシーラスカについても，その木材生産の推移を表３－１(p.112前掲)によって確認しておきたい．シーラスカの場合には，不況期とされる1982年から1986年にかけての５年間は生産が抑制され，不況期を抜けると急激に生産が拡張されたことが分かる．

この点について，たとえばシーラスカの1985年報告書は，経営上の長期目標の見通しを，つぎのように語っていた；

「われわれの (ANCSA にもとづく；引用者) 土地選択は，当初から，注意深く行われてきた．一般的にわれわれの土地は，木材と鉱物資源の潜在性に着目して選択されてきた．…(中略；引用者)…20年から50年後を見通すと，…(中略；引用者)…シーラスカは持株会社となっており，初期の木材生産によってえられた資本金によって可能となった投資活動を管理しているだろう．…(中略；引用者)…シーラスカはきっと，自分たち自身の森林の再生に取り組み，持続可能な，将来における収穫の計画を立てているにちがいない．そして，その再生の周期は60～100年となるであろう」(Knapp, 1992：p.36)．

また；

「シーラスカ株主 Sealaska Shareholder」（1988年３月）の中で，シーラスカの資源担当上級副取締役は，かつてつぎのように語った；

「(前略；引用者)…南東アラスカのいかなる先住民企業も，経済的に持続可能な生産量をなんとかやりくりできるほどに十分な森林面積は有していない．南東アラスカでは，木々の再生には80～100年かかる．持続可能な木材収穫を維持するためには，シーラスカは，年間の収穫(面積；引用者)を2,500 acre 以下に抑制しなければならない，そして，それぞれのコミュニティ会社は，おのおの年々200 acre よりも少なくしなければならない」（Knapp, 1992：p.35）．

シーラスカの場合には，ANCSA によって初期配分された，コミュニティ会社に比べればはるかに大きな森林面積と資金，および上記のような長期的な経営方針があったがゆえに，1980年代の木材不況期には減産し，好況になれば増産することが可能であった．

しかしながら，そのようなシーラスカでさえ，1980年代の木材生産にともなう営業損失はまぬかれなかった．以下第３節にみるように，その営業純損失の譲渡が可能となったことによって，経営の維持も可能となった[4)]．

第３節　「営業純損失 net operating losses：NOLs」の譲渡による先住民企業の救済

コルト Colt によれば，1980年代にアラスカ州内先住民企業の林業生産にともなって生じた営業純損失について，それを合衆国内の他社に「譲渡」することができるとする条項が，1986年租税改革法 Tax Reform Act of 1986 に付加された（Colt, 1991：p.13）．その提案者は，アラスカ州選出の上院議員テッド・スティーヴンス Ted Stevens であった（Durbin, 1999：p.146）．

この営業純損失を譲渡する仕組みはつぎのようなものである．たとえばアラスカ州内のA社が110ドル分の木材を，10ドルで伐採業者Bに販売して，100ドルの赤字を計上した，とする．この赤字分を「営業純損失」と呼ぶ．A社は，この損失を合衆国内のC社に譲渡できる．C社は，連邦政府に，この100ドルを課税対象額 taxable income から控除してもらうことができる，というものである．

この営業純損失の譲渡によって，アラスカ州内の12の地域会社は総額で4億2,600万ドルを手にすることになった．この数字から純損失の総額が推計でき，それはおよそ15億ドルになる[5)]．

第4節　おわりに

アラスカ州先住民のひとびとに対する，ANCSAによる正式な土地配分は，1979年から本格的に実施された．配分された土地はトンガス国有林内の森林で，農業生産には適さず，木材を販売目的で伐採するか，または，原生林として維持するか，選択肢は限られていた．1980年代に，コミュニティ会社の多くと地域会社のシーラスカは木材生産に乗り出すことになった．

本章で明らかになったことは，ANCSAによるシーラスカへの初期配分森林面積（26万7,250acre）と補償金（9,300万ドル）は，経営上の資本蓄積および持続可能な森林管理を視野に入れることを可能とした，ということであった．

しかしながら，小規模なコミュニティ会社にとっては，その所有面積(各コミュニティ2万3,040 acre)は，資本の蓄積を可能にするにはあまりにも小さく，持続可能な森林管理は当初から考慮されるべくもなかった．小規模なコミュニティ会社の中には，木材生産のために借入した資金の返済すらできないようなものもあった．そのようなコミュニティ会社の中には，木材生産の経営がたとえ赤字であっても，コミュニティ内の雇用を優先する，というものもあった．

さらに，そのように初期の資本に恵まれたシーラスカでさえ，営業純損失の譲渡によって，救済を受けたのであった．

コルトはアラスカ州内12の地域会社の経営実態を，1980年代までの財務状況を中心に分析した(Colt, 1991)．これに対して，本章では，南東アラスカの木材生産を主たる対象として，コルトによっては触れられることのなかったコミュニティ会社を地域会社と比較することによって，先住民企業における木材生産の持続可能性の条件を検証した．

以上により，南東アラスカにおいて「100年ローテーションにもとづく持続可能な森林管理」に到達できるためには，少なくともシーラスカ程度の森林面積と初期資本が必要だ，と考えられる．

注

1）木材生産には，取り付け道路と伐採･運搬などの収穫機材などに対する投資が必要であったが，そのような投下資本の回収が困難な株式会社もあった．以下に述べるように，資本の調達は，ANCSAによって配分された土地を担保として調達されざるをえず，このことがコミュニティ会社の経営に重圧となった．

2）Cerveny (2007)：p.18参照．
　ただし，1995年にフーナ・トーテムは，シーラスカ木材会社との間に15年間の立木伐採権の売買協定stumpage saleを結んだ，とする資料もある；Huna Totem Corporation, 2009：p. 2（ただし，Knapp (1992)：p.42では，フーナ・トーテムは1987年まで伐採した，とされている）．

3）本文中に記載のp.2/3は，出力した記事全3頁中の2頁目であることを表している．

4）Colt (1991)：p.19 Figure 3によれば，1974年から1990年の累積でみると，シーラスカの営業損失1億4,380万ドル（対1990年実質額；以下同様）に対して，有価証券からの収入が6,730万ドル，純資源収入net resource revenueが1億1,210万ドルおよび営業純損失の譲渡益が1億1,460万ドルであった．この譲渡益のおかげで，純収入net incomeが1億1,580万ドルの黒字であった（差額の3,450万ドルは間接経費)．この譲渡益は帳簿に「NOL Sales Proceeds」と記載された．

5）Colt (1991)：p.13参照．法人税率を34%と仮定すると，12の地域会社は，100ドルの営業純損失に対して27ドル（34ドルのおよそ80%）の収入を得ることになった．それゆえ，12の地域会社の純損失総額＝4億2,600万ドル×(100÷27）で，およそ15億ドルとなる．この4億2,600万ドルは，連邦政府にとっては税収の減少額であった.

また，この「営業純損失」の譲渡は，1986年租税改革法；Public Law 99-514－OCT. 22, 1986 : An Act to reform revenue laws of the United States（Tax Reform Act of 1986）の規定による.

資料

［1］ Huna Totem Corporation (2009), Huna Totem Headlines. http://www.hunatotem.com/shareholder-relations/newsletter［Accessed December 19, 2012］

［2］ Public Law 99-514－OCT. 22, 1986 : An Act to reform revenue laws of the United States (Tax Reform Act of 1986).

［3］ Thomson, L. (1988), Balancing Profit and Protection. In the Juneau Empire, Alaska History and Cultural Studies－Between Worlds. http://www.akhistorycourse.org/articles/article.php?artID＝354［Accessed January 22, 2013］

第４章　南東アラスカの国有林における木材生産と持続可能な森林管理―1990年代アラスカ州トンガス国有林における保全政策について―

第１節　はじめに

アラスカが正式にアメリカ合衆国の49番目の州になったのは1959年であったが，トンガスはすでに1907年に国有林 national forest に指定されていた．その総面積は1,688万 acre(675万 ha)，全米で最大である．その面積の大きさもさることながら，トンガス国有林の特徴は，温帯雨林のオールドグロウス林 old-growth とそこに生息する動物種とが織りなす生態系にある．

第一次産業以外の産業基盤の脆弱なアラスカ州において，地域経済の安定を図ろうとすれば，林業に関しては，持続可能な森林管理の下で，森林の伐採・利用を図らざるをえない．これは，森林資源の「保全」を重視する立場である．

しかしながら，森林開発にともなって温帯雨林内の貴重な動物種が，繁殖地の減少という危険にさらされたりする．また，木材の伐採・搬出のための取り付け道路の敷設も，生態系の攪乱要因となる．そのため，あるがままの自然状態を維持すべきである，という生態系の「保護」を重視する人々は，森林の開発はすべからく抑制すべきだ，と主張している．第１章で述べた「保護」と「保全」の二つの考え方の対立は，今日もなお継続している．

本章では，トンガス国有林を事例として，1990年のトンガス林業改革法

Tongass Timber Reform Act 制定前後から，1997年のトンガス森林計画 Tongass Forest Plan に至る時期を中心に，その保護政策がより強化され，森林域の開発を禁止したウィルダネス・エリア wilderness area 指定面積などの拡大期を経て，伐採総量の減少に至る経緯について，その背景も含めて考察する[1]．

第2節　1990年トンガス林業改革法 Tongass Timber Reform Act[2]

トンガス国有林における本格的な森林開発は，1951年に森林局がケチカンパルプ会社 Ketchikan Pulp Company の前身企業と交わした長期契約に始まった．第二次世界大戦後の，旺盛な日本の住宅復興需要およびアメリカの国内需要が，アラスカ州からの木材輸出・移出を加速した．

しかしながら，皆伐や搬出が容易な地域からの優先的伐採などによって，伐採後の斜面から土壌流亡が生じたり，さらには土砂の河川への流入によって，遡上するサケなどの魚類への悪影響も生じた．アラスカ州の豊かな自然をあるがままに保護すべきであると考える人々にとっては，国有林の積極的な開発は望ましいものではなかった[3]．

以上のような考え方から，1990年にはトンガス林業改革法が制定され，国有林の保護がより強化されることになった．以下，本法の改革の主要点について述べたい．

本法の前文は，つぎのように述べている；

「この法律は，アラスカ・ナショナル・インタレスト・ランズ保全法 ANILCA（1980年）を修正するものである．その目的は，トンガス国有林の特定の地域を永久に保護し，また，流域の生息域の保護のために特定の長期木材契約を変更することなどである」．

条文が相前後するが，本章に関係が深い順に四つの修正点について述べる．

①ウィルダネス・エリアの拡充（Sec. 202(c)）

トンガス国有林内に，６カ所・合計約29万6,080 acreのウィルダネス・エリアを新たに指定する．これによって，ウィルダネス・エリアは，合計19カ所・総面積570万acreになった（資料［４］，p. 3-345）．

②保護地域の拡充（Sec. 201　LUDII地域[4)]）

同国有林内に，12カ所・合計約72万2,482 acreのLUDII地域を追加指定する．

③長期契約の一方的な変更（オールドグロウス林の伐採量を削減）（Sec. 301）

長期木材販売契約：契約番号12-11-010-1545（アメリカ合衆国とアラスカパルプ会社 Alaska Pulp Corporation）およびA10fs-1042（同前とケチカンパルプ会社）について，一方的な変更を加える．具体的には，特定の伐採に関して，オールドグロウス林の過度な伐採を排除する，としている．このように，トンガス林業改革法は，トンガス国有林からの伐採供給量に関する長期契約についても踏み込んだ法律修正となっている．

④漁業の保護（伐採地域の制限）（Sec. 103）

流域の生息域保護のために，すべてのI類河川 Class I streamおよびI類河川に直接流入するII類河川[5)]の両岸に，それぞれ少なくとも100 feet以上の緩衝地帯を設け，商業的な木材伐採を禁止する．

以上のように，トンガス林業改革法によって，ウィルダネス・エリアおよび保護地域の拡充が一層進められた．1980年代以降についてみると，表４－１に示されるように，より広範なウィルダネス・エリア[6)]などの指定拡大の傾向が強まった．同表によれば，1980年に比べて1990年には商業用森林地域 commercial forest land[7)]は大幅に減少した．

しかしながら，以上の改革にともなって，それだけで伐採量が減少した，というわけではなかった[8)]．

「もし，（アラスカ州初の；引用者）1979年の森林計画が継続されるとすれ

表４－１　トンガス国有林野内の商業用森林地域面積の推移

（単位：acre）

	面積	法律の名称など
1959	620万	Alaska Statehood
1971	570万	ANCSA 1）
1980	410万	ANILCA 2）
1990	340万	TTRA 3）
1996	240万	TLMP 4） Revision

資料：資料［４］，（Chapter 3：p. 3 -250）Figure 3-10のデータである．
注：１）ANCSA：Alaska Native Claims Settlement Act
２）ANILCA：Alaska National Interest Lands Conservation Act
３）TTRA：Tongass Timber Reform Act
４）TLMP：Tongass Land Management Plan (Forest Plan)

ば，年間に549 MMBF（100万 Board Feet）の伐採が可能であり，…（中略；引用者）…過去17年間については，平均で年305 MMBF が伐採された．かくして，ウィルダネス地域の指定はそれ自体では，木材需要に応じたトンガスから製材業者への供給量を抑制してはいない」（資料［７］，pp. 4 - 5）．

以上のような状況であったため，「保護」派の人々からは，直接伐採量を制限する法律が求められることになった．

第３節　1990年代アラスカ州の木材生産をとりまく経済環境の変化

1990年代は，トンガス国有林の木材生産にとって大きな変動の時期であった．

ひとつには，1951年に始まったケチカンパルプ会社との長期伐採契約にもとづいた伐採量が，トンガス林業改革法によって制約されるようになったことが指摘できる．1996年には，ケチカンパルプ会社の親会社であるルイジアナパシフィック社 Louisiana Pacific Corporation がケチカンパルプ会社のパルプ工場の閉鎖予定を公表し，1997年３月には，実際に閉鎖された[9])．

このケチカンパルプ工場の閉鎖は，アラスカ州の製材業全体に経済的に大きな影響をおよぼすことになった．

資料［3］によれば，「製材残材の製品化のための地域市場を失ったことは，アラスカ州内の製材業者に大きな問題となった．なぜなら，製材残材による収入は，市場の条件によっては，収益性を左右する重要性をもっていたからである．より遠くの，より不確実な市場により大きく依存することは，アラスカ州内の製材業の競争環境を変えてしまうことになる」（資料［3］，p.1）[10])．

以上のような経過をたどり，木材製品の価格競争力が一層低下することになり，大手企業のアラスカ州からの退出が進む結果となった．そして，南東アラスカにおける製材業者は，大手から家族経営の製材所および独立系の伐採業者に移行していくことになった[11])．

二つめには，1990年代に入って，それまでアラスカ州からの主たる木材輸出仕向地であった日本の状況に大きな変化が生じた[12])，ということがあった．1990年に始まったバブルの崩壊がそれであった．この結果，日本における新築戸建て住宅需要が減少し[13])，アラスカ州からの木材輸出量（とくに挽材）が減少することになった[14])．

かつ，日本向けの，競合する輸出国が増加した．資料［3］によると，「1990年には0.3％以下であった日本向け挽材のヨーロッパ（とくにスカンジナビア諸国）からの輸出は，今日では10％以上になっている」（資料［3］，p.1．ただし，1997年現在の数値である；引用者）．

この点に関しては，カナダから日本向け挽材輸出量が増加した，ということも重要である（資料；『森林・林業白書　平成21年版』，参考付表 p.15参照）．

以上のように，1990年代に入ると，アラスカ州にとっての日本市場が縮小するなかで，スカンジナビア諸国やカナダのような日本向け輸出国との競合が強まり，アラスカ州からの挽材（針葉樹材）輸出は減少することになった．

第4節　1997年トンガス森林計画

1974年には，「森林および牧草地再生可能資源計画法」Forest and Rangeland Renewable Resources Planning Act が成立し，個々の国有林には森林計画 forest plan の策定が求められることになった．トンガス国有林の森林計画は，1979年に制定され，これが全米初のものであった(正式名称は 'Tongass National Forest Land and Resource Management Plan Forest Plan')．この森林計画は，同法により，少なくとも15年ごとの見直しを求められている．しかしながら，1980年代の国有林の保全政策をめぐる係争および1990年のトンガス林業改革法成立の影響によって，第二期計画の成立は，1997年まで待たねばならなかった．

表4－2のように，1990年代を通じて，トンガス国有林における伐採量は大きく減少した．その理由は，第3節で述べた経済環境の変化が大きく影響したことである．

また，この伐採量の大幅な減少の背景には，1992年に森林局が採用したエコシステムマネジメント導入の影響もあった．このエコシステムマネジメントの導入によって，ギフォード・ピンショ以来一貫して続いてきた森林局の「森林資源保全」政策ともいうべきものは，「森林生態系保全」政策（柿澤（2000）：p.139）へと，大きく方向転換をすることになった．そして，このことによって，太平洋岸北西部地域の立木価格が上昇したのと並行して，アラスカ州においても同様の傾向がみられたことが指摘されている[15)]．

以上の変化は，1997年にトンガス森林計画の策定にも大きな影響をおよぼした．

1979年森林計画は，1986年および1991年に修正されたが，「1974年森林および牧草地再生可能資源計画法」にもとづく改定が本格化するのは，1990年代に入ってからであった．

1990年6月には，『環境影響評価書（案）』Draft Environmental Impact Statement(DEIS)が公表されたが，先に述べたトンガス林業改革法が同年

表4－2　トンガス国有林野における短期および長期契約による木材収穫量の推移（一部）

（単位：MMBF，ただし，製材量およびパルプ原料の合計値）

	短期契約収穫量	長期契約収穫量	短期および長期契約収穫量合計
1988	100	296	396
1989	142	303	445
1990	173	298	471
1991	90	273	363
1992	72	298	370
1993	55	270	325
1994	48	228	276
1995	59	162	221
1996	27	93	120
1997	37	69	107
1998	40	80	120
1999	60	86	146

資料：資料［8］，Table A-3.の一部である．
MMBF；100万 Board Feet.（1 board foot＝1 foot×1 foot×1 inch.）

11月に制定されたことによって，追加的な検討が必要とされることになった．1991年8月には，このDEISの増補版Supplement DEIS（SDEIS）が公表された．さらにこの増補版に検討が加えられ，1996年には増補版の改訂版Revised Supplement（RSDEIS）が公表されることになった．

また，『環境影響評価書（案）』に続く『環境影響評価書（最終版）』Final Environmental Impact Statement（FEIS）および『決定の記録』Record of Decisionは，当初1993年公表の予定であったが，上述の経過によって，1997年にずれ込むことになった[16]．

上記のように，FEISを含めて都合四つの環境影響評価書（案および最終版など）が準備された．最終的には，FEISにおいて合計10の森林計画の代替案が検討された．このうち，『決定の記録』の著者は，代替案11を選択した，としている．この記録の署名者は，森林局アラスカ地域 Region 10地方局長 Regional Forester のフィル・ジャニック Phil Janik である．

この決定に至る過程で，各原案に対してパブリックコメントが実施され，個人，団体，利益団体および政府・州政府などの部局から多数の意見が寄せられた．1990年 DEIS に対して3,000以上，1991年 SDEIS に対して7,000以上，さらに1996年 RSDEIS に対しては 2 万1,000以上もの意見が寄せられた．これらには，文書によるもののほか，南東アラスカのコミュニティにおいて開催された公聴会などにおける口頭での意見も含まれている．

ただし，以上の意見には，さまざまな利益団体からの，同一文面のハガキなども含まれており，これらを整理した上で，集約された個々の意見に対する森林局の考え方が FEIS 中に示されている（資料［4］，Appendix L, p.L-2）．ただ，どの意見を採用し，どの意見を採用しないかは，最終的には，森林局の判断によるところが大きい[17]．

この『決定の記録』で採用された代替案11では，動物種の生息地を含む生態系に関して，その保護の度合いを強めつつ，しかしながら同時に，森林の伐採についても，地域の人々の雇用がまったくなくなってしまうことのないよう配慮する，という姿勢が貫かれている．具体的には，たとえば1979年森林計画をそのまま継承するとした代替案 9 では，森林計画当初10年間の年平均販売許可量 allowable sale quantity が549 MMBF であるのに対して，代替案11においては，267 MMBF に設定された．ただし，1990年代の経済的な変化が速かったため，実態としては，この代替案11の年平均販売許可量すら過剰なものとなってしまった[18]．

第 5 節　おわりに

以上によって，つぎの 2 点が明らかになった．

まず，1990年トンガス林業改革法によって，森林域の開発を禁止したウィルダネス・エリアなどの保護地域の面的拡大が進んだ．

つぎに，1990年代には，アラスカ州の木材生産をとりまく国際的な経済環境が大きく変化し，トンガス国有林からの日本向け輸出量が大幅に減少した．また，1997年トンガス森林計画の策定にいたる過程で，森林局はエコシステムマネジメント(1992年)を導入した．これによって，森林局の国有林保全政策は，「保全」を重視する姿勢が大きく転換され，より「保護」を重視することとなった．このことが太平洋岸北西部地域のみならずアラスカ州における立木価格の上昇をまねき，州内木材生産業の競争力の低下をもたらした．これら二つの要因が重なりあって，アラスカ州からの大手木材企業の退出が加速され，トンガス国有林における短期および長期契約伐採量は大幅に減少した．

以上の結果，より広範に温帯雨林が保護されることになった．しかしそのことは南東アラスカにおける3,000人ほどの雇用機会の喪失でもあった．

注

1）ウィルダネス･エリア wilderness area：1964年ウィルダネス法 Wilderness Act によって，連邦政府が指定する5,000 acre 以上の，未開発で原生自然のままの特性が維持されるべき地域のことである．この地域においては，仮設道路の敷設や動力をともなう乗り物の使用などが禁止されている．

　また，資料[1]によれば，1995年現在で「アラスカ州全体に占める州内国有林からの木材伐採量の寄与率は30％(200 MMBF)で，南東アラスカにあるトンガス国有林からの伐採量は，アラスカ州全国有林の99％を占めた（MMBF＝million board feet で，1 board foot＝1 foot×1 foot×1 inch である．また，MBF＝thousand board feet である；引用者)」（資料［1］（p. 1）の脚注による)．

2）トンガス林業改革法の全文は，2010年3月現在，http://thomas.loc.gov/参照．

3）詳細については，第6章で論じるが，温帯雨林の保護を重視する人々は，アラスカ先住民の求めた「1971年アラスカ先住民の請求にもとづく継承的不動産設定法 Alaska Native Claims Settlement Act」中で，ウィルダネス地域の広範囲な指定を求めた．さらに，これを具体化するため，1980年アラスカ国有地保全法 Alaska National Interest Lands Conservation Act が制定されることになった．

4）LUDII（Land Use DesignationII）；「この指定地域では，その原生的自然 wildland の特性を保持するために，道路のない状態で管理がなされ，…(中略；引用者)…この地域における木材の収穫は，他の資源を守るための(病虫害や森林火災による被害木の；引用者)サルベージ伐採に限られる」(資料[4]，Chapter 7 Glossary,

p. 7 -23).

5）Ⅰ類河川およびⅡ類河川；Ⅰ類河川とは，河川遡上性の，あるいは常時河川にすむ魚類が生息する，河川および湖沼のことである．Ⅱ類河川は，Ⅰ類に準じる河川などである（詳細は，資料［4］（Chapter 7 Glossary，p. 7 -47）参照）．

6）ウィルダネス・エリア内での企業活動や恒久的な道路敷設は禁止されている．

7）商業用森林地域＝産業用途の木材を生産しているか，または，生産することのできる森林域 forest land で，連邦政府などによって伐採が禁止されていない地域のことである．

8）トンガス林業改革法によれば，国有林からの伐採供給量は，市場の需要に応じた量でなければならない，とされている（同法 Title I Sec. 101（ANILCA の Sec. 705 (a)）の amendment）．

9）閉鎖の理由としては，①工場の操業を継続するためには，排水・排煙の環境対策に200万ドルともいう費用が必要とされるようになっていた点，および②すでにこの頃までに工場の操業自体が不採算になっていたこと，などが指摘されている（*The New York Times*, March 25, 1997）．また，1993年にはすでに，もうひとつのアラスカパルプ会社 Alaska Pulp Corporation のシトカパルプ工場 Sitka pulp mill が閉鎖されており，ケチカンパルプ会社のパルプ工場の閉鎖によって，アラスカ州内にはパルプ工場がなくなることになった（資料［4］，Chapter 3，p. 3 -258および同，Appendix M 参照）．

10）資料［4］によれば，「ケチカンパルプ工場の閉鎖は，低級木材の需要を大きく減少させた．そしてこのことは，木材の売上高を形成する，資材の大きな割合（トウヒ／ツガについては，およそ47%）をどのように利用するか，という問題となる」（資料［4］，Appendix M，p.M- 5）．

11）資料［9］によれば，「アラスカ州南東部の木材生産業は，この10年ほどの間にずいぶん変化した．大規模な企業生産者から，家族経営の製材所と独立系の伐採業者へと代わった」（資料［9］，p. 4 /34による．資料の発行年から考えて，これは，1990年代の後半からのおよそ10年のことであろう）．

12）資料［8］によれば，1999財政年度においても，アラスカ州からの木材製品輸出総額の69%が日本向けであった．うち，挽材輸出総額の99%，また，丸太輸出総額の68%が日本向けであった（p. 9 /31）．

13）日本における木造の新設住宅着工戸数は，1990年；72万7,765（戸），1995年；66万6,124（戸），2000年；55万5,814（戸）と推移した（資料；林野庁編『森林・林業白書　平成21年版』農林統計協会，2009年，参考付表 p.23）．

14）資料［8］（Table A-8）によれば，アラスカ州全体からの日本向け挽材（針葉樹材）およびキャント softwood lumber and cant の輸出量（MBF）は，財政年度ごとに，つぎのようである．

1988　14万5,343；1990　21万1,189

1992　11万7,615；1994　11万6,184
1996　2万5,783；1998　1万　798
cant；丸太を2面あるいはそれ以上，鋸で挽いた挽材のこと（資料［9］，p.4）．
　また，大田伊久雄・愛媛大学准教授（2010年10月現在）によれば，スカンジナビア諸国などからの集成材が，この日本向けツガ挽材を代替した影響が大きかった（地域農林経済学会報告時（2010年10月23日）のコメントによる）．

15）太平洋岸北西部地域においては，マダラフクロウが1990年に「絶滅の恐れのある種」に指定され，その生息域である森林保護のために伐採量が大きく制限され，結果として立木価格が上昇した．この間接的な影響によって，アラスカ州においても立木価格が上昇したことが指摘されている（大田（2000）：pp.271-285および資料［3］，p.1）．
　エコシステムマネジメントについては，詳細な分析を行っている参考文献［4］および［5］を参照していただきたい．

16）資料［4］，Summary p.iによる．

17）このパブリックコメントを取り扱った1997年FEIS Appendix Lは全611ページあり，このうち，森林に関する意見は8テーマ111項目に整理されている（pp.L-127－L-155）．また，この1997年FEISに関する作業を行った主たるメンバーについては，同Chapter 4にその一覧があり，総勢28名であったことが分かる．ただし，各意見をどのように集約したのかの過程に関する記述はない．
　パブリックコメントを含む市民参加の課題については，柿澤（2000）：pp.94-95参照．

18）資料［9］（Table A-3）によれば，トンガス国有林における木材timberの伐採量は，2002財政年度；33.8 MMBF，2004；46.4 MMBF，2006；43.2 MMBFとなっている．

資料

［1］Brackley, Allen M., Rojas, Thomas D., and Haynes, R.W. (2006) Timber Products Output and Timber Harvests in Alaska: Projections for 2005-25, USDA Forest Service, Pacific Northwest Research Station.

［2］Brackley, Allen M., Haynes, Richard W., and Alexander, Susan J. (2009) Timber Harvests in Alaska: 1910-2006, USDA Forest Service, Pacific Northwest Research Station.

［3］Brooks, D.J. and Haynes, R.W. (1997) Timber Products Output and Timber Harvests in Alaska: Projections for 1997-2010, USDA Forest Service, Pacific Northwest Research Station.

［4］USDA Forest Service (1997) Tongass Land Management Plan Revision Final Environmental Impact Statement.

[5] USDA Forest Service (1997) Record of Decision Tongass National Forest Land and Resource Management Plan Revision Alaska.

[6] USDA Forest Service (1997) Tongass National Forest Land and Resource Management Plan Forest Plan.

[7] USDA Forest Service, Alaska Region（発行年不明）Status of the Tongass National Forest (ANILCA 706(b) Report) 1997 Report（ただし，pp. 1 - 7).

[8] USDA Forest Service, Alaska Region (1999) Timber Supply and Demand : 1999 Alaska National Interest Lands Conservation Act Section 706(a) Report to Congress.

[9] USDA Forest Service, Alaska Region (2008) Timber Supply and Demand : 2006.

第5章　2000年代南東アラスカにおける木材生産の縮小と持続可能な森林管理

第1節　はじめに

アラスカは，1959年にようやく州に昇格した．しかしながら，先住民のひとびとの土地所有権の確立とその正式な配分には，その後なお20年以上の年月を必要とした．この間の経緯および，1990年代を通じて木材生産がその最盛期を経て衰退に向かった経過については，前章までに検証した．

1990年代の木材生産減少の原因のひとつとして，1992年に森林局が採用したエコシステムマネジメント導入の影響があった．森林局 Forest Service の森林生態系保全政策の強化にともなって，伐採可能な森林域が制約されるようになり，太平洋岸北西部地域の立木価格が上昇したのと並行して，アラスカ州においても同様の傾向がみられた．その結果，もともと生産費が国内の他州に比較して高かった南東アラスカにおける木材生産量は急速に減少することになった．このような経過を経て，1990年代中には南東アラスカから大手2社のパルプ工場が退出することとなり，このことが木材生産の縮小に拍車をかけることになった．

2000年代に入ってからは，トンガス国有林 Tongass National Forest（以下，TNF）においても，また，先住民のひとびとの株式会社であるシーラスカの私有林においても，その木材生産は急激に減少した．本章では，この点について資料により明らかにし，そのような木材生産業の衰退に対して，TNF の管理をしている森林局 Forest Service, Region 10（Alaska

Region）ならびにシーラスカがどのように対応しようとしているのか，検証する．

第2節　トンガス国有林TNFからの木材生産量の減少と森林運営プログラム forest stewardship program（plan）

（1）　TNFからの木材生産量の減少

2000年代のTNFからの木材生産量の推移を検討する前に，1990年代の南東アラスカにおける木材生産の変化についてみておきたい[1)]．

前章で述べたように，1951年に始まったケチカンパルプ会社と森林局との長期伐採計画が，1990年トンガス林業改革法によって大きく制約されることになった．すなわち，保全政策の強化を反映した同法によって，伐採可能量が大きく減少する見通しとなった．

また，1990年代に入る頃までにはすでに，パルプ生産の採算が悪化していたが，さらに，操業を継続するためには相当額の排水・排煙などに対する環境対策費用が必要とされる，ということもあった．

以上のような条件のもと，最終的に，ケチカンパルプ会社・ケチカン工場は1997年に操業を停止することになった．アラスカパルプ会社 Alaska Pulp Corporation・シトカ工場 Sitka pulp millは，すでに1993年に閉鎖されていたため，ケチカンパルプ会社の閉鎖にともなって，アラスカ州内大手2社のパルプ会社がなくなることになった．その結果，パルプ生産の原料であった「製材残材」や「低級木材」の効率的活用が困難になった．

以上のような経過をたどって，アラスカ州南東部の木材生産業は，大規模な企業生産者から，家族経営の製材所と独立系の伐採業者へと代わっていった．

さらに，2000年代に入ると，木材生産業の衰退がより一層顕著になる．

TNFでは，1990年に471 MMBF（100万 Board Feet）あった収穫総量が，

表５－１　南東アラスカ（トンガス地域）・製材業評価結果（2000年-2010年）

（単位：1,000 board feet (Scribner log scale)）

	A．製材設備能力（推計値）	B．製材量（推計値）	製材量に含まれない量			製材量に含まれない総量	製材設備稼働率 B./A.(%)	雇用者数
			加工品生産量	丸太移出・輸出量				
				国内	外国			
2000	501,850	87,117	46,079	6,787	28,094	80,960	17.4	321
2005	359,850	34,695	0	3,937	15,547	19,485	9.6	136
2010	155,850	15,807	385	41	12,826	13,252	10.1	64

資料：Alexander, Susan J. and Daniel J, Parrent (2012) Estimating Sawmill Processing Capacity for Tongass Timber: 2009 and 2010 Update, USDA, Forest Service, Pacific Northwest Research Station, Research Note PNW-RN-568: p.4. ただし，Forest Service, Alaska Region, ボブ・ヴァーミリオン Bob Vermillion 氏からの資料による．

2010年には36 MMBF まで減少した[2]．

また表５－１をみると，2000年代に入ってから，製材の生産設備が過剰となっていることがよく分かる．とりわけ，2001年以降には，設備稼働率が10%ほどで推移しており，このことを反映して，製材業における雇用者数は減少の一途である．1990年代の木材生産業の縮小の過程で，大幅な雇用の喪失が生じた南東アラスカでは，2000年代に入って，ますます木材生産業関係の雇用の縮小が続いたことがわかる[3]．

（２）　森林運営プログラムについて

2012年８月に，森林局とシーラスカのそれぞれにおいて，森林管理上，今後どのような対応を採ろうとしているのか，聞き取り調査を行った．その結果，TNF ではオールドグロウス林の伐採可能量が減少し，また，シーラスカでは伐採余地がなくなりつつあることを踏まえ，①両者においてともに，オールドグロウス林伐採跡地の二次林 second-growth を計画的に利用すること（持続可能な森林管理 sustainable forest management）が検討されるようになりつつあること，また②シーラスカにおいては，1971年アラスカ先住民の請求にもとづく継承的不動産設定法 Alaska Native Claims Settlement Act（ANCSA）によって約束されていながら未配分となっている森林について，連邦政府にその配分を求めている，ということが分かった．

オールドグロウス林の伐採[4)]は，温帯雨林の生態系にさまざまな悪影響をもたらした．そのため，今日，森林局とシーラスカとを問わず，森林復元 forest restoration への努力が払われるようになってきている．その現状についても，森林局の森林運営プログラム forest stewardship program を例に検討する．

シーラスカに関しては，以下の第3節において述べる．

以上に述べた「持続可能な森林管理」の一環として，森林運営プログラムが実施されるようになった．アラスカ州における森林運営プログラムは，森林局にとって，私有林所有者との間の共同事業 partnership である，という（聞き取り調査による）．アラスカ州においては，私有林のほとんどが先住民のひとびとが組織するコミュニティ会社 village corporation および地域会社の所有である．すなわち，州内の森林運営プログラムは，先住民のひとびととの共同事業と位置づけられていることになる．

以上を前提として，まず森林運営プログラム一般について説明しておきたい．このプログラムの根拠となる法律は「1978年共同森林管理支援法 Cooperative Forestry Assistance Act of 1978」である．そして，このプログラムの目的は「非産業的な私有林 private forest lands の所有者に対して，より積極的にその森林および関連の資源の管理がなされるよう所有者を助け，長期的な運営 stewardship を支援することにある」．

つぎに支援の具体的な内容についてみてみたい．

まず，効果的に機能する森林を保全することを目的として，①森林エコシステムと景観の保全を最優先課題とすること，および②積極的かつ持続可能な森林管理，をその運営の内容として挙げている．

さらに，森林をさまざまな被害から守るために，病虫害の大発生や外来生物などから森林を保護することを挙げている．その他，自然火災 wildfire の危険性を軽減するべく土地を整備することや，エコシステムの健全性の管理も挙げられている．

その他の目的として，森林の保全を通じて，大気質，水質の維持･向上，土壌の保全，生物多様性の保全，炭素の固定化，森林からの生産物，森林管理に関する雇用，再生可能エネルギーの生産，および野生生物の保全などを通じて公益の向上を図ることを挙げている．

このプログラムの対象となるのは，全米のおよそ３億5,400万 acre で，アメリカ合衆国の全森林面積の45％ほどにあたる（資料［３］）．

また，1991年から2006年の16年間に3,100万 acre を対象とした27万件の多資源管理計画が策定された．

以上が全国的にみた森林運営プログラムの概要である．

つぎに TNF の場合についてみてみたい．

概数であるが，2013年現在，州内の私有林2,000万 acre の99％が先住民のひとびとが組織する各株式会社 corporations の所有であり，うち，300万 acre が森林運営プログラムの下にある．

TNF においては，2005年に初めての森林運営計画 plan が策定され，2012年８月までに合計七つの計画が契約された．そして2012会計年度中に，さらに５件が契約される予定である，とのことであった（聞き取り調査による）．

森林運営プログラムの目的は，旧48州などではおもに自然火災の防止であるのに対して，TNF のある南東アラスカにおいては，野生生物の生息地 wildlife habitat の創出，二次林の間伐や河川流域の保全，ハイキングトレールの整備などが主たる目的となっている．

以上の森林運営プログラム（計画）の特性は共同事業という点にある，という．「補助金 subsidy ということではないのか」というこちらの質問に，あくまで「共同事業である」との回答であった．

その意味するところを考えるに，森林局（連邦政府）の支出に対して，社会的・経済的な便益がありうること，たとえば，河川流域や野生生物の生息地の保全などによるのであろう．

所得階層が比較的低いコミュニティの少なくない南東アラスカにおいて，森林局の果たす役割が，単純に森林管理だけにあるというわけではない，ということである．コミュニティのひとびとへの雇用の提供も重要な仕事になっている[5)]．

ボブ・ヴァーミリオン Bob Vermillion 氏（森林局・アラスカ地域）は，TNF の長期的な将来像について，つぎのように語った；

「この10〜20年は，TNF 内の木材生産に大きな変動はない，と考えている．長期的には，今後20年以上経過すれば，二次林の木材生産が視野に入ってくる（TNF では1950年代から本格的な木材生産が始まった；引用者）．しかしながら，その二次林からの生産物の市場がどのようなものでありうるのか，それが課題だ」と非常に慎重な発言に終始した．ともあれ，持続可能な森林管理への緒に就いたことは確かなようである．

第3節　シーラスカにおける木材生産量の減少とその対応

（1）　木材生産量の減少

シーラスカ（1972年設立；2017年現在・株主約2万2,000人）の完全子会社であるシーラスカ木材（株）Sealaska Timber Corporation が木材生産部門を担当している（ただし，簡略化のために，以下では「シーラスカ」が木材生産の当事者であるとして扱っている）．1980年から木材生産を開始したが，1982年から1986年の木材不況の一時期を除いて，1987年から2004年にかけて，その生産量はおよそ年100 MMBF（100万 Board Feet）で推移してきた．しかしながら，その収穫量は，1999年の106 MMBF から，2010年にはおよそ70 MMBF へと減少した（表5－2）．

そして，2000年代の中頃までには ANCSA によって配分された森林の開

表５－２　シーラスカ・木材収穫量の推移および推計値

（単位：1,000 Board Feet）

	実績	ロン・ウルフ氏の推計値[1]	収穫計画[2]
1999	105,588		
2005	[3]		100,000
2007	50,000		50,000
2008	50,000（概数）	100,000	
2010	70,000（概数）	50,000（at 2,500 acre）	

資料：資料［２］各年版による．

注：１）ロン・ウルフ Ron Wolfe 氏（シーラスカ）への聞き取り調査による（2012年８月）．

２）資料［２］（2005：p.33）による．

３）資料が見つからないため，空欄である．

発余地がなくなり始める．そのため，シーラスカの2005年版年報では，新たな収穫計画が策定されることになった．その数字が表５－２の「収穫計画」欄（資料［２］（2005））のものである．

また「ロン･ウルフ氏 Ron Wolfe の推計値」欄は，シーラスカでの聞き取り調査においてウルフ氏から聞き取った数値である．いずれも左欄の「実績」（資料［２］各年版）と多少のずれはあるが，その減少傾向に変わりはない．

ウルフ氏によれば，この年50 MMBF で定常化させる，すなわち持続可能な森林管理の段階に入る，ということであった．この年間生産量は，2,500 acre の収穫面積を前提としている，という．

この2,500 acre（約1,000 ha）という数字であるが，これは ANCSA に規定され，すでにシーラスカに配分されている総森林面積29万800 acre（2011年までに配分された総面積）のおよそ100分の１に相当する．

この総森林面積中，木材収穫が可能な林地がどの程度あるのか，ということになるが，その推計値は75～80％とされている（Knapp, 1992：p.18，p.36）．

参考までにこの推計値でシーラスカの木材生産可能面積を算出してみる

と，21万8,100～23万2,640 acre となる．これに2014年に追加配分される予定の 7 万 acre（聞き取り調査による）を加えると，27万300～28万8,640 acre となる．

つまり，この50 MMBF（at 2,500 acre）という収穫計画は，シーラスカの所有する森林を100年ローテーションで利用していくことを意味する．ここに初めて持続可能な森林管理の姿がみえてくる[6)]．

現状としては「2010年には，売上げの20％以上を二次林の収穫と販売とで占めるという目標のプログラムを開始した．これはコロンビア・ヘリコプターColumbia Helicopters と共同で実施する択伐方式で，…（中略；引用者）…二次林の収穫が経済的に可能であることを示している」（資料［2］，2004：p. 8）．

（2） 木材生産量減少への対応

1980年から，ANCSA にもとづく土地配分が実施されてきた．しかしながら，一部未配分の土地が残されてきている．それが ANCSA §14(h)(8)条項と呼ばれる規定にもとづくものである．

ANCSA によってアラスカ州全体で先住民のひとびとにはおよそ4,400万 acre の土地が配分されることになったのだが，うち200万 acre の土地は，墓地や歴史上の場所 cemetery and historical places や，コミュニティ単位での土地の配分に与らない少人数グループや個人への配分に充てられることになった[7)]．そして，ANCSA §14(h)(8)条項は，それらを除いた残余の部分について，人口比でアラスカ州内にある12の各地域会社に配分する，と規定している．

この ANCSA §14(h)(8)条項の完全実施にともなって，2014年に 7 万 acre がシーラスカに配分される予定である（聞き取り調査による）[8)]．2014年は，1971年に ANCSA が成立してから43年目となる．先住民のひとびとへの土地の配分には，実に長い期間を要することになった，といわざるをえない．

第４節　おわりに

以上みたように，トンガス国有林TNFでは，1990年に471 MMBFであった収穫総量が2010年には36 MMBFまで減少した．また，私有林であるシーラスカにおいても，2000年代の中頃くらいまで，その生産量は年100 MMBF前後で推移してきていたが，その収穫量は，1999年の106 MMBFから，2010年にはおよそ70 MMBFへと減少した（p.137前掲表５－２）．森林局管理下のTNFにおいても，また，シーラスカの私有林においても，その木材生産は1990年代を画期として，大幅に縮小した．

このような木材生産の縮小に対して，森林局では森林運営プログラム（計画）を実施することによって，コミュニティとの「共同事業」を実施しつつある．また，シーラスカは，ANCSA §14(h)(8)条項の完全実施による追加的な森林の配分を連邦政府に求めている．と同時に，二次林の育成による「持続可能な森林管理」（50 MMBF at 2,500 acre）への移行を図りつつある．この点については，森林局も同様であることが聞き取り調査によってわかった．ただし，二次林の市場をどのように開拓していくかが重要な課題となっていることを森林局のヴァーミリオン氏は強調していた．

1950年代に始まった，日本への輸出を目的とした国有林からのアラスカ州産材やパルプ材の開発は，森林局を中心としたひとびとによる産業政策とあいまって森林伐採を加速した．また，先住民のひとびとがANCSAにもとづいて組織した地域会社もコミュニティ会社もともに，先住民のひとびとのために利益をあげることを求められ，所有地の配分が確定する画期となった1980年以降，木材生産に注力することになった．そして，この時期の急速な森林開発は，生態系の撹乱要因となった．

ただし，地域会社のシーラスカを除く各コミュニティ会社は，1980年代中にはほぼ伐採を終えてしまった．例外的にシーラスカだけが2000年代入ってもなお収穫が可能であった．

注

1）南東アラスカにおいて生産に供されている主要な樹種は以下の４種で，いずれも針葉樹である：Sitka Spruce（トウヒ），Western Red Cedar（米杉），Western Hemlock（米栂），および Alaska Yellow Cedar（アラスカイエローシダー）．

2）第４章　表４－２および，Forest Service Region 10, Forest Management Reports and Accomplishments 中，Summary Tables の 'Cut History 1908 to Present'
http://www.fs.usda.gov/detail/r10/landmanagement/resourcemanagement/?cid=fsbdev_038785［Accessed Mar. 5, 2014］参照．

3）McDowell Group (2004)：p.20によれば，トンガス国有林の木材生産活動にまつわる直接的な雇用は，（2004年には；引用者）およそ200人で，これは1990年に伐採，製材およびパルプ業の雇用が合計で2,500人以上であったのに比べて，2,000人以上の減少となっている．

4）資料［２］(2001)：p.22によれば，1980年以来，ANCSA によって配分されてきている29万 acre 中，７万1,389 acre から木材伐採を行ってきた．…(中略；引用者)…うち，１万123 acre（14％）は，おもにヘリコプターを利用した択伐により，また，６万1,266 acre では皆伐 clear-cut harvesting によった，という．

5）このことは，以下第３節で述べるシーラスカについてもまったく同じことがいえる．木材生産が盛んな1980年代から1990年代にかけての時期には，伐採や搬出などがシーラスカから各コミュニティに作業委託され，コミュニティのひとびとの所得機会となった．また，今日では二次林の管理作業に関してまったく同様のことがいえる．

6）すでに第３章で述べたように，シーラスカは1985年時点において，つぎのように考えていた：「(前略；引用者)…20～50年後には，…(中略；引用者)…将来のシーラスカは持株会社となっており，…(中略；引用者)…シーラスカはきっと所有する森林(それは，60～100年の再生の周期を有しているが)の復元 reforestation を行い，長期的に持続可能な収穫の計画を立てているにちがいない」(以上，Knapp (1992)：p.36による；ただし，原資料は Sealaska Corporation (1985)：pp.11-12である)．

7）配分総面積の「4,400万 acre」という数値に関しては，第２章の注４)参照．

8）ただし，資料［２］(2004)：p.８では，同条項の実施によって，追加的に５万 acre の土地が配分され，その土地には，潜在的に750 MMBF の販売可能な木材資源がある，とされている．

資料

［１］ Alaska Native Claims Settlement Act of 1971.

［２］ Sealaska Corporation, Annual Report，2001年版～2011年版（ただし，2002年版および2003年版は欠いている）．

［３］ USDA, Forest Service (2009) Forest Stewardship Program National Standards and Guidelines, Revised February.

第6章　アラスカにおける土地配分と「自然保護」をめぐる対立の10年－ANCSA of 1971 から ANILCA of 1980 まで－

第1節　はじめに

アラスカは，1959年にアメリカ合衆国49番目の州に昇格した．しかしながら，第2章で述べたように，この時点でなお，アラスカ州のすべての土地について，連邦政府，州政府および先住民の三者間でどのように配分するか，確定していなかった．ただし，アラスカ州制定法(1958年)によれば，アラスカ州政府は州に昇格してから25年以内に，アメリカ合衆国公有地 public lands 全3億7,160万 acre から1億255万 acre の土地を選んで取得することができる，とされた（Alaska Statehood Act, SEC. 6)．州政府はこれを根拠に，地下資源などの豊富な土地を優先的に選定しようとしたが，先住民のひとびととの間に大きな摩擦を生むことになった．その後，「1971年アラスカ先住民の請求にもとづく継承的不動産設定法」Alaska Native Claims Settlement Act（ANCSA）によって，先住民のひとびとへの土地配分が一応の決着をみた（当初配分予定面積4,400万 acre)．同時に，そのことによって州政府による州有地の選択が可能となった（奥田，2012)．

しかしながら，この ANCSA によって，土地所有権をめぐる課題がすべて解決した，というわけではなかった．ANCSA 制定時に，先住民による土地選択が，自然の保護という観点からふさわしいといえるかどうか，という疑義が自然保護を重視するひとびと（以下，「自然保護派」）から示されることになった．そのもっとも大きな理由は，先住民のひとびとが組織しようとした株式会社 corporation 組織にあった．すなわち，たとえ先住民を主体とした組織であっても，株式会社はあくまで営利を目的とするものである．その限りにおいて，株式会社組織は資源の豊富な土地を優先的に選択し，かつ，通常の企業と同様に，利益を優先した経済活動を行おうとするに違いない，と「自然保護派」のひとびとは考えた．

そのような営利活動をできるだけ制約し，州内の貴重な自然を保護するために，ANCSA には，SEC. 17(d)(2) lands 条項（以下，(d)(2)条項）が挿入された．これは連邦政府が，自然保護に値する土地（national interest lands[1]）を優先的に選択し，保有し続けることを目的としたものであった．そして，この(d)(2)条項こそが，1980年アラスカ・ナショナル・インタレスト・ランズ保全法 Alaska National Interest Lands Conservation Act（ANILCA）成立の端緒となった．

以下，第 2 節では本稿の背景をなす自然保護思想をめぐる論点について，1964年に成立したウィルダネス法 Wilderness Act とその成立を求めたウィルダネス・ソサエティのひとびとについて触れる．第 3 節では，ANCSA に盛り込まれることになった(d)(2)条項の成立過程について検討する．第 4 節では(d)(2)条項にもとづいて立法化された「1980年アラスカ・ナショナル・インタレスト・ランズ保全法」の成立とその結果について述べる．

第 2 節　ANCSA SEC. 17(d)(2)条項が求められた背景
－ウィルダネス・ソサエティと1964年ウィルダネス法－

ウィルダネス・ソサエティは，1935年に設立された．その創設者たちの設立時の議論をみると，当時何が問題として認識されていたかが分かる．このことは，アラスカ州において，1960年代以降にナショナル・インタレスト・ランズの拡張が求められたことの背景を説明してもいる．第 1 章第 3 節においても述べたが，本節でも簡単に触れておきたい．

たとえば，ポール・サッターPaul S. Sutterは，当時のことをつぎのように記している；

「（ウィルダネス・ソサエティの；引用者）創設者たちのうち，訓練された森林官たちは，実利的な森林管理を重視した，単一目的の商品生産には批判的である一方，かれらの誰も，資源は公益のために，賢明にかつ科学的に管理されるべきである，という基本的な前提を否定することはなかった．その代わり，かれらは，功利主義的な強い関心に合致したウィルダネスの考え方を作り上げた．その考え方というのは，資源を生産に供する行為を方向づけるのではなく，リクリエーションの需要者の行為を方向づけることに主眼をおくものであった」（Sutter, 2002：pp.14-15）．

アメリカ合衆国では，すでに20世紀の初頭には自動車が一般に普及しはじめ，それにともなって旅行者が自動車で国立公園内を移動しはじめた．1910年代には，国有林においてもこのようなリクリエーション利用が急速に増加した．これに応じる形で，国立公園局National Park Serviceも森林局Forest Serviceもその受入体制の整備を進めることになった．「1916年には，議会は，連邦政府による道路建設プログラムに対して，初めてのかなりの額の予算を配分した．そして，この予算は両大戦間に増加していった．と同時に，ヘンリー・フォードによって改良された組み立て生産ラインによって，アメリカの中産階級にとって自動車は手の届く範囲で購入できるものとなった」（Sutter, 2002：p.16）．

以上のような関心から設立されたウィルダネス・ソサエティは，一貫してウィルダネス法の制定を求めて，さらに法成立後は，その理念の実現に向けた活動を続けることになった．このようなひとびとが，(d)(2)条項を求める中心的な存在であった．

1964年に成立したウィルダネス法は，その目的をつぎのように述べている；

「開発地域の拡大と機械化の進展にともなわれた人口の急増によって，アメリカ合衆国内のあらゆる領土とその占有地域が占拠され改変されるようなことのないよう，また，その自然条件において保護され庇護されるべき土地をあますところなく指定するために，議会はここに，以下が議会の政策であることを言明する；現在および未来のアメリカ合衆国国民のために，永続的なウィルダネスの資産による便益を保証する」(Wilderness Act, 1964, Section 2.(a))．

また本法では，ウィルダネス・エリア wilderness area[2]は，大統領の推薦にもとづいて，議会が立法によって指定することになっている (Section 3.(c))．

この法律の特徴をひとことでいうと「ロードレス roadless」ということである．ウィルダネス・ソサエティの創設者たちが危惧した点は，自動車の普及と道路網の整備によって，ひとびとがリクリエーション目的で，どのような自然環境の中にでも入って行くことができるようになり，そのことがウィルダネス（原生自然）の保護・保全を困難にしてしまう，ということであった．第1章第3節でも引用したが；

「[Prohibition of Certain Uses]

この法律に具体的に規定され，かつ，現行の個人の権利として認められた場合を除いて，この法律によって指定されたウィルダネス・エリアにおいては，営利目的の commercial 企業活動も，また，いかなる恒久的な道路も認められない．また，当該地域において本法律の執行のために最低限度の必要性を満たす場合（たとえば，当該地域におけるひとびとの健康と安全に関わる，緊急に必要とされる手段を含む）以外には，仮設の道路や動力をともなう車両，動力機のついた装置あるいはモーターボート，航空機の着陸，その他一切の機械的な輸送機関，および，地域内のあらゆる構造物や設備は認められない」．この条文には，ウィルダネス・ソサエティの創設者たちの意向がきわめて忠実に反映される結果となっている[3]．

第3節　ANCSA SEC. 17(d)(2)条項制定の過程について

どのようなひとびとが，なぜ(d)(2)条項をANCSA中に挿入することを望んだのか；基本的に，ウィルダネス・ソサエティやシエラ・クラブSierra Clubなどの「環境保護団体」に集った多くのひとびとのように，自然をあるがままに保護したいと考えるひとびと（「自然保護派」preservationists）は，この条項に賛成した．これに対して，どちらかといえば，自然資源（地下資源や森林資源など）を利用しようとするひとびとは，この条項に反対であった．さらには，アラスカ州を代表する上院議員たちも，資源開発にともなう利益を州政府の財源としたい，という考えから，この条項には距離をおくことになった．

しかしながら，この(d)(2)条項に対する姿勢は，自然保護団体などの組織単位で一般的に決まる，というほど単純ではなかった．自然保護団体と呼ばれる組織のなかにも，意見の不一致がみられる場合もあったようである．

一例をあげれば，シエラ・クラブにおいて，つぎのようなことがあった．1976年に，マーク・ギャノポール・ヒコックMark Ganopole Hickokが全国評議員に選出されたときのことである．シエラ・クラブは，国立公園内で先住民のひとびとが自給自足生活subsistenceを続けることに反対であった．しかし，先住民出身のマーク・ヒコックはこれを受け容れることができず，両者の関係は解消されることになった（Kaufman, 1998：p. 208）[4]．

アラスカ州の土地配分をめぐっては，州政府も，そしておそらく株式会社方式による土地所有を選択した先住民のひとびとも，その願いは同じではなかったのか．それは，豊かな地下資源や森林資源を活用して経済発展を図りたい，ということである．さもなければ，なにをもって経済の成長を図ればよいのか．アラスカが，1959年まで州に昇格することがなかった，ということがすべてを物語っている．

しかしながら，地下資源にしろ森林資源にしろ，その開発はつねに自然の改変をともなうものである．1968年にプルードウ湾 Prudhoe Bay で発見された原油を南の不凍港・バルディーズ Valdez まで搬送するのに，長距離のパイプラインを必要としたことは，その一例である．このような資源開発にともなう大規模な自然景観の破壊は，全国的な関心の的となった．そして，アラスカ州内と州外とを問わず，自然保護を標榜するひとびとからは，アラスカ州内の貴重な自然を守ることの重要性が主張されることになった．多くのウィルダネス・ソサエティのメンバーもそうであった[5)]．

以上を踏まえて，(d)(2)条項が ANCSA に盛り込まれるに至った経緯について，少し詳しくみてみたい．

ANCSA によって，先住民が組織する各株式会社に土地が配分されることになった．そして，その際に生じうる土地取得をめぐる連邦政府や州政府との競合を調整する目的で，アラスカ連邦・州合同土地利用計画委員会 Joint Federal-State Land Use Planning Commission for Alaska の設置が盛り込まれた（SEC. 17(a)および(b)）．

この委員会は「経済的な成長と発展が，整然と計画的なものであり，かつ，州政府および国の環境目的（すなわち，アラスカ州内の公有地，国立公園，国有林と，国立野生生物保護区などに関する公益）と，アラスカ州先住民のひとびとおよび他の居住者の経済的・社会的福祉とが両立することを保証できるよう勧告を行う」とされていた（SEC. 17(a)(7)(I)）．委員会は，1976年5月30日までに，大統領，議会，および州知事・州政府に対して，土地利用計画などに関する最終報告書を提出するものとされ，同年12月31日には解散することになっていた（同(a)(10)）．

その同じ SEC. 17条中に，本稿で検討の対象としている(d)(2)条項が置かれている．その概要であるが，内務省長官は，公有地関連法によって配分されるあらゆる土地の形態のものから，8,000万 acre までの範囲で留保し，国立公園，国有林，国立野生生物保護区，および国立野生・景勝河川として新規に指定するか，または，従来からのものに追加するにふさわしいとみなすかどうか，検討するよう指示された（SEC. 17(d)(2)(A)）．

以上は何を意味するのであろうか．なぜ(d)(2)条項が，このSEC. 17(a)および(b)に重複するような形で盛り込まれることになったのであろうか．その理由としては「アラスカ州外のひとびとにとっては，アラスカ連邦・州合同土地利用計画委員会の実効性に疑問があったから」とも述べられている（Nelson, 2004：pp.118-119）[6)]．

つぎに，どのような経緯でこの条項がANCSA中に挿入されることになったのか，具体的な経過をみてみたい．

この条項の必要性について，ジョセフ・フィッツジェラルドJoseph Fitz-Gerald（アラスカにおける部門計画に関する連邦政府委員会議長Chairman of the Federal Field Committee for Department Planning in Alaska）は，1965・66年当時，つぎのように考えていた，という；

「（前略；引用者）…アラスカにおいて，経済発展は，先住民のひとびとの継承的不動産に関する要求が解決されない限り起こりえない，また，その解決に際しては，アラスカにおける国立公園複合体park complexの設立に，州政府および連邦政府が責任を持って参加することが重要である」．

そして，フィッツジェラルドは，アラスカ・ウィルダネス協議会Alaska Wilderness Council（AWC）のメンバーに対して，保護に値する地域を特定するよう依頼した．

ただし，実際にこの実務を担当することになったのは，フィッツジェラルドの下にいたデイビッド・ヒコックDavid Hickokであった．彼によって，ANCSA中に最初の(d)(2)条項が挿入されることになった．ヒコックは，自然資源専門官natural resources specialistであった[7)]．

ヒコックとSEC. 17(d)(2)条項とのより具体的な関係は，別の資料によって裏付けられる；

『（前略；引用者）…1970年春に，ヒコックはウィリアム・バンネスWilliam VanNes（上院内務委員会補佐職顧問Senate Interior Committee staff counsel）に対して，つぎのような簡潔な条項がANCSAに含まれるべきである，と勧告した；すなわち，「内務省長官は，アラスカ州内のすべての公有地

public lands を精査し，3年以内に議会に対して，国立公園および国立野生生物保護区に含まれることが適切である地域を推薦するよう命じられる」』(Cahn, 1982：p.11).

アラスカ州の資源としては，地下資源(古くは金鉱，今日的には原油など)，南東アラスカを中心とした森林資源，そして，サケ類などの漁業資源と観光資源たる雄大な自然，の四つがある．農業が可能な土地・気候条件に恵まれているとはいえず，かつ，製造業が立地するには，あまりにも旧48州から遠い．

株式会社方式によって共有的に土地を所有する，と決めた先住民のひとびとは，その企業の株主でもあった．この株式会社の主たる目的は，株主への配当を大きくすることによって，自分たち自身の厚生を高めることであった．この企業活動の中心は，すなわち資源開発か，あるいは観光産業の育成であった．州政府もまた，原油産出地のリース料収入などを求めた，という意味で，同様であった．ここに，自然保護を重視するひとびととの間に軋轢が生じる．

すなわち，自然保護を重視するひとびとは，できるだけ国立公園や国立野生生物保護区を広く確保すべきである，と強く主張することになった．

また，自然保護を重視するひとびとは，当時は自然保護に熱心とはいえなかった森林局の管理下にある国有林をナショナル・インタレスト・ランズに編入することには消極的であった．そのため，国有林が編入された場合には，次善の策として，とくに保護を求められる国有林内の地域に，その原生自然の保護のためにウィルダネス・エリア指定の網をかけることが望まれたのであった．このことは，すなわち，自然保護に関して二重の保険（再保険）をかける，ということであった．他のナショナル・インタレスト・ランズの区分についても，自然保護を強化するために，同様の考え方が採られた．

この条項は，紆余曲折を経ながらも，最終的に ANCSA に付加されることになった[8]．

第4節　ANILCAの成立とその達成したもの

以上のような経緯で，(d)(2)条項によって，国立公園などのナショナル・インタレスト・ランズが拡張されることになった．問題は，具体的にどの地域のどの範囲を，それぞれのナショナル・インタレスト・ランズに帰属させればよいのか，という点であった．

この作業に貢献したのが，前記AWCのメンバーであったマーク・ギャノポール・ヒコックを中心とした「床の上の地図作成協会」Maps on the Floor Societyに集ったひとびとであった[9]．

「床の上の地図作成協会」は，1972年2月の初め頃までには，ナショナル・インタレスト・ランズに含まれるべき推薦地域一覧を完成して内務省に郵送した．その推薦地域一覧の複写は，後日，内務省長官Ministry of the Interiorであったロジャース・モートンRogers Mortonに手渡された．

その後，この推薦地域一覧は，内務省副長官ナサニエル・リードNathaniel Reedによって，内務省各機関（国立公園管理局および魚類・野生生物保護局）からの提案地域と合わせて編集され，1972年3月2日にモートンに提出された[10]．

ANILCAの成立までには，なお議会での紆余曲折があったが，最終的には，1980年の同法の成立によって，以下のように，ナショナル・インタレスト・ランズの総面積の拡大がもたらされた．具体的には，

- 国立公園；新たに4,359万acreが追加指定された（1971年以前からのものと合わせて，合計5,120万acre）．
- 国立野生生物保護区；新たに5,272万acreが追加指定された（1971年以前からのものと合わせて，7,606万acre）．
- 国立野生・景勝河川；25の河川が指定された．
- 国立景勝地National Monument；ミスティ・フィヨルドMisty Fjords（90万acre）とアドミラルティ・アイランドAdmiralty Island（214万acre）が指定された．

・国有林；トンガス国有林およびチュガッチ国有林 Tongass and Chugach National Forests に335万 acre が追加された（ただし，トンガス国有林の総面積はおよそ1,700万 acre，チュガッチ国有林は540万 acre である）．

などである．

また，再保険として設定されたウィルダネス・エリアの指定についてもみておきたい．

・国立公園内；3,236万 acre

・国立野生生物保護区内；1,856万 acre

・トンガス国有林内；233万 acre

総面積で5,324万 acre のウィルダネス・エリアが最終的に設けられることになった（Alaska Geographic Society, 1981 and Willis, 1985）．

第5節　おわりに

以上のように，1971年から1980年の10年は，いわば「自然保護派」がナショナル・インタレスト・ランズの拡張を求め続けた10年であった．

第2節では，ウィルダネス・ソサエティに集うひとびとが1964年ウィルダネス法の成立に努力したこと，その背景には自動車利用によるリクリエーションの普及があり，結果として，保護すべき大切な自然が損なわれることが危惧されたこと，などのために，「ロードレス roadless」がウィルダネス法のキーワードになったこと，さらに，このウィルダネス・ソサエティのひとびとが(d)(2)条項を ANCSA に導入することに積極的であったことについて述べた．

第3節は，(d)(2)条項を ANCSA に最初に導入しようとしたのは，フィッツジェラルドの部下であったデイビッド・ヒコックであったこと（1970年），その趣旨は，ナショナル・インタレスト・ランズとして連邦政府が保護すべき土地を守ることにあった．しかしながら，議会での立法化には10年もの期間を要し，最終的にANILCAが成立したのは，1980年であった．

第4節では，アラスカ・ウィルダネス協議会のメンバーであったマーク・ヒコックを中心とした「床の上の地図作成協会」に集ったひとびとがナショナル・インタレスト・ランズの選択に尽力したことについて触れた．結果として，(d)(2)条項によって，すでに記載したように，ナショナル・インタレスト・ランズの総面積の拡大がもたらされたのであった．

1970年代のアラスカ州は，内部的には自然資源依存型の経済発展をめざす，いわば途上国的な存在であった．しかし同時に，州外からみた場合は，アメリカ合衆国内でも貴重なウィルダネス（原生自然）が残された数少ない地域であった．日本のおよそ4倍の面積に，今日なお70万人ほどが居住するにすぎない．

ジョン・ミューア以来，アラスカ州内外を問わず，アラスカの雄大な自然に魅せられ，その保護を願ったひとは数えきれない．その一方，アラスカで生活を続けようとするひとの中には，「資源開発」を優先し，経済発展を図りたい，という立場のひとびとと，できるだけ自然と共生しながら生活を続けたいと考えるひとびとがいる．先住民のひとびとの中には，前者のひともいれば，後者のひともいる．とくに，後者のなかには，従来からの自給自足的な生活を継続することを望むひとびとが少なからず存在する[11]．

本来，アラスカの土地はそのすべてが先住民のひとびとのものであった．しかしながら，金や石油などの地下資源や森林資源が，土地の配分をめぐる係争を生むことになった．そのうえ，1971年に先住民のひとびとに実際に土地の配分をする段階になると，ナショナル・インタレスト・ランズをめぐっての「自然保護派」と先住民のひとびととの間の対立が激しくなることになった．アラスカにおける土地配分には，このような意味での二重の対立関係があったといわなければならない．もちろん，地下資源を有する土地が，「保護」に値するような自然条件下にある場合には，この対立関係はより厳しいものとなった．

このような土地配分をめぐる対立関係の調整に，アラスカでは，1959年に州として自立してから1980年までの20年以上におよぶ期間を必要としたのであった．

注

1）ナショナル・インタレスト・ランズ national interest lands：国立公園 National Park，国立野生生物保護区 National Wildlife Refuge，国有林 National Forest や国立野生・景勝河川 National Wild and Scenic River など，生態系の保護・保全（国益）のために，連邦政府が保有しようとする土地の総称である．当時活動をしていたさまざまな全米の環境保護団体が，アラスカにおけるナショナル・インタレスト・ランズの拡張に努力を傾けることになった．

　シエラ・クラブの創設者ジョン・ミューアをはじめとして，「自然保護 preservation」を重視するひとは数多い．本章第2節で触れるウィルダネス・ソサエティのひとびとにも共通する考え方である．ただし，いずれの組織にも「保全 conservation」という考え方を認める立場のひとびともいた．本書における「保護」と「保全」の定義に関しては，第1章第1節参照．

2）ウィルダネス・エリアとは，ナショナル・インタレスト・ランズのどの区分（国立公園など）であるかに関わらず，ウィルダネス法にもとづいて，議会によって指定されるウィルダネス（原生自然）保護地域のことである．

3）Wilderness Act, 1964, Section 4.(c). ウィルダネス法制定の経過については，Harvey（2005）参照．

4）アラスカ州においては，経済発展がこの半世紀ほどの間に圧縮されて進んできたという点にその特徴がある．旧48州においては，1776年の独立宣言からでさえ，200年以上にわたる先住民のひとびとと新たな入植者のひとびととの対立の歴史がある．そのため，対立関係がしばしば先鋭化しながらも，その解決にある程度時間をかけることができた．しかしながら，アラスカ州においてみられる急速な変化は，「自然保護対資源開発」をめぐる対立関係をより厳しくさせる傾向にある，と考えられる．

　このような状況下における先住民のひとびとの立場は微妙で，自然保護を重視するひとびとからも，資源開発を優先しようとするひとびとからも，どちらからも好意的には受け容れられにくい場合がある．先住民のひとびとの自給自足生活は，トナカイの狩猟やサケ類の漁労などによるが，その行為を自然の撹乱と受けとめるひともいる．また，ときに自給自足生活の生活圏は広く，移動生活も少なくない．そのために資源開発にともなう土地の囲い込みとも競合する場合がある．

5）ウィルダネス・ソサエティに集まったひとびとの中には，シリア・ハンター Celia Hunter やジニー・ウッド Ginny Wood のように，第二次世界大戦後にアラスカで生活するようになったひとびともいた．詳細については，星野（2000），Kaufman（1998）や Sumner（2005）など参照．

6）合同土地計画委員会の構成員は10名で，うち5名は州知事（あるいはその代理）とその選任者4名，および連邦政府から5名（大統領指名の1名と内務省長官指名の4名）と規定されていた．そして，この10名中に，いわゆる環境保護派が過半数以上選任される可能性は大きくはなかった．

7）Willis (1985), Chapter 2 The Alaska Native Claims Settlement Act, C：Origins of the National Interest Lands Provision (17(d)(2)).

8）ANCSA および ANILCA 立法化をめぐる議会での議論の詳細については，Nelson（2004）参照．

9）マーク・ギャノポール・ヒコックが，この作業をどのような権限にもとづいて行うことになったのか明確ではない，とする資料もある（Nelson, 2004：p.121）．また，正確にいつこの作業が始められたのか，資料的には確認できていない．

10）Nelson (2004)：p.121参照．

11）アラスカ州に在住する70万人ほどのうち，「先住民」とされる人口を厳密に特定することは容易ではないが，およそ15％（10万人）が先住民に該当する，という．そして，そのひとびとが住まうコミュニティによって，先住民比率は異なり，先住民比率が高いコミュニティほど自給自足生活者の比率も高い，というのが一般的な理解である．

McDowell Group (2001) The Economic Impacts of Sealaska Corporation on Rural Southeast Alaska Communities によれば，たとえば南東アラスカにあるハイダバーグ Hydaburg というコミュニティは，人口382人（2000年センサス）で，先住民が多数を占めるコミュニティ predominantly Native community のひとつである，とされている．さらに，2000年のこのコミュニティの個人所得の源泉は，移転所得 Transfer Payments（連邦政府からの給付など）が33％，シーラスカ株式会社関連所得 Sealaska-related 27％，自治体（関連所得；引用者）Local Government（school district などを含む）18％，地域サービス Local Service Organizations（Southeast Alaska Regional Health Corporation など）7％，その他 Other 9％となっており，商業的漁業および漁業食品加工 Commercial Fishing and Seafood Processing は6％にすぎない．移転所得と地域会社 regional corporation であるシーラスカによる林業活動にともなう所得を除けば，漁業関連の所得6％があるだけである．

それでもひとびとは生まれ育ったコミュニティで暮らすことを選ぶことが多く，その場合には生活上，自給自足の比重が大きくならざるをえない．それゆえ，1990年のセンサスデータによると，ハイダバーグの一人当たり所得は8,602ドルで，これは当時のアラスカ州全体の平均値1万7,610ドルの半分以下であった．また，この報告書中には「自給自足は，このように経済的に不利なコミュニティにおいては，重要な役割を果たす」と記述されている.

資料

[1] Alaska Native Claims Settlement Act, 1971.

[2] *Alaska National Interest Lands Conservation Act of 1980*, reprints from the collection of the University of Michigan Library 2015 (on demand published by Amazon).

[3] Alaska Statehood Act, 1958.

[4] *Anchorage Daily News*, Dec. 29, 2011.

[5] *Anchorage Daily News*, Jul. 8, 2006.

第7章　グレイシャー・ベイにおけるフーナ・トーテム・コーポレーションの観光開発

第1節　はじめに

フーナ・トーテム・コーポレーション Huna Totem Corporation（以下，HTC）は，1971年アラスカ先住民の請求にもとづく継承的不動産設定法（ANCSA）にもとづいて1973年に設立された先住民のひとびとのコミュニティ会社である．この株式会社は，フーナ・コミュニティ Hoonah community（人口753人；2011年）を基盤としており，住民の多くは Hoonah Tlingit と呼ばれるトリンギット族である．

ANCSA にもとづいて1979年から本格化した土地（森林）配分によって，1980年代には，HTC も木材生産に新規参入することになった．しかしながら，この企業活動は失敗に終わった．その経緯については，第3章で述べた．

このフーナ・コミュニティは，世界的な氷河観光地グレイシャー・ベイ国立公園 Glacier Bay National Park の南に隣接している．グレイシャー・ベイにみられる地形は，海岸氷河 tidewater glaciers と呼ばれるもので，氷河が直接海面に崩落する．その氷河の姿が観光資源となっている．

本章では，HTC が失敗に終わった木材生産から撤退したのち，どのような経緯を経てグレイシャー・ベイ国立公園を対象とした大型クルーズ船の寄港地となったか，また，その発足（2004年）から10年以上が経過しつつあるが，その成果はどのようなものか，その詳細を明らかにする．

以下，第２節では1990年代後半以降の観光開発の経緯を，さらに第３節では観光開発とそのコミュニティへの経済上の影響を中心に考察する．

HTCによる観光開発の歴史に関する先行研究としては，Cerveny(2007)があるが，この研究が終了した2005年以降の事実関係について検証するために，HTCの株主向けニュースレター（資料［２］および［３］のSUおよびHTH；以下，本文中では，これらの資料名の略号で表記）を用いた．

第２節　1990年代後半以降2004年に至る観光開発の経緯

南東アラスカのコミュニティは島々に分散していて，相互に道路でつながることがない．ありうる交通機関は，船(フェリー：マリーン・ハイウェイと呼ばれている)か，水上離発着可能な軽飛行機である．規模の小さな空港がある場合もある．日本でいう「離島」である．フーナ・コミュニティも，そのひとつである．

南東アラスカの産業といえば，漁業と金goldを中心とした鉱山業，そして1950年代からの木材生産があった．しかしながら，1990年代の終わり頃から木材生産が衰退し始め，2000年代に入る頃には，フーナ・コミュニティには雇用を支える基盤的な産業がなくなりつつあった（Cerveny, 2007：p.１）．

以上のような背景があり，新たな雇用の創出は喫緊の課題であった．そのため，HTCは観光業への新規参入を企図することになった．主たる観光資源は，グレイシャー・ベイ国立公園に隣接している，という立地条件にあった．その名の示すとおり，世界でも有数の海岸氷河地形と，ラッコsea otterや南東アラスカで夏期を過ごすザトウクジラhumpback whaleなどを見ることができる．かつ，オヒョウhalibutやサケ類の釣りも可能である．また陸上では，ヒグマbrown bearやオグロジカblack-tailed deerなどの野生動物を見たり，狩りをしたりすることもできる．

さらに，観光開発の当初から，先住民の文化を伝えることに主眼をおいた大型クルーズ船の寄港地開発が目論まれた．その詳細については第3節で述べるが，従来の大型クルーズ船の寄港地開発においては重視されてこなかった企画であった．かつ，HTC以前の寄港地としての受け入れ体制は，大型クルーズ船運行会社や自治体によって形成されてきたが，このHTCによる寄港地の開発は，アラスカにおける私企業による初めての試みであった．

また，地元雇用と先住民雇用の重視もHTCの一貫した経営方針である．具体的な開発の経過をみておきたい．

HTCが寄港地として最終的に選んだのは，1912年にサケの缶詰工場Hoonah Packing Company Canneryが開かれたアイシー・ストレイト・ポイントIcy Strait Pointであった．幾度か持ち主を替えてきたが，HTCは1996年にこれを入手した．2001年には観光事業開始の式典が開催され，翌2002年には，ポイント・ソフィア開発会社Point Sophia Development Company（PSDC）という，HTCとコマ・セールズKoma Salesという会社による合弁会社が立ち上げられた．ただし，PSDCは，2004年にHTCが多数持株会社となると同時期に，寄港地の名称と同じアイシー・ストレイト・ポイントと名称変更された（以下，企業名についてはISPと略記する）(Cerveny, 2007：p.70；ISP，2015)．

2003年には，HTCは元プリンセス・クルーズPrincess Cruisesの管理職であった人物（Donald J. Rosenberger）を役員に迎えた．この役員の尽力もあって，PSDCはロイヤル・カリビアンRoyal Caribbean Corporationとの間に，5年間の契約を獲得し，2004年には33隻の旅客船がアイシー・ストレイト・ポイントに寄港することになった（表7－2の数値とは少し差があるが，その詳細は不明である）．この年，フーナ市（行政上はcityとされている；以下，行政に関する記述に限り，この表記を用いる）は，寄港地開発プロジェクトを支持し，かつクルーズ船が着岸できる桟橋建設に関する連邦政府助成金を追求することになった．さらに，HTCとフーナ・インディアン協会 Hoonah Indian Association との間には，訪問客向けの文化資源の管理と文化的プログラムの開発に関する協定が結ばれた．

1999年当時のフーナ・コミュニティの様子が分かるデータがある．たとえば「1999年には，住民のおよそ12%が公的補助によって所得を補足していたが，全アラスカ州の平均は8.7%であった．また，貧困レベル以下のフーナ・コミュニティの世帯は，全州平均の6.7%に対して，14%であった」(Cerveny, 2007：p.20)．

2004年5月26日には，セレブリティ・クルーズ・ライン Celebrity Cruise Line のマーキュリーMercury（乗客数1,800）が，初めての寄港を果たした．新たな雇用機会の誕生であった（Cerveny, 2007：p.71)．

第3節　2004年初寄港以降の観光開発とコミュニティへの経済上の影響

（1）　10年の経過

表7－1にみるように2000年にジュノーJuneau（州都）を訪れたクルーズ船旅客数は64万人であったものが，2007年には100万人を越えた．景気の変動に左右されながらも，近年も年間100万人に近い数字で推移している．

これらのひとびとは，シアトルやバンクーバーなどから乗船し，南東アラスカを周遊する．日本でいう「パッケージ旅行」客である．旅程は数日のものから7日間程度のものが多い．クルーズ船の寄港地は，船会社が決

表7－1　ジュノーへの客船による訪問者数の推移；2000-2013

2000年	640,000
2008	1,030,100
2010	876,000
2013	980,000[1)]

資料：JEDC (2012)：p.51による．
注：1）「推計値」である．

めるが，客がどの寄港地に立ち寄りたいかによって，いずれのパッケージに申し込むか，が決まることになる．グレイシャー・ベイに立ち入ることができる船舶数には，国立公園局が決めた上限があるので，グレイシャー・ベイを訪れたければ，そのような旅程の便を選ぶ必要がある．

たとえば，これらのクルーズ船でジュノーに着いたひとびとは，町中の土産物店で買い物をしたり，時間が許せば，ホェール・ワッチングやメンデンホール氷河 Mendenhall Glacier（内陸氷河）などを見に行くオプショナル・ツアーに参加することになる．このようなツアー形態では，HTC が寄港地開発の際に掲げた「伝統文化の普及（啓蒙）」という条件が満たされることは難しい．

つぎに，表７－２をみてみたい．表７－２は，2004年以降にアイシー・ストレイト・ポイントを訪れた寄港客船数，およその訪問者数および年々の観光関連の季節雇用者数である．

これによると，クルーズ船の寄港数はアメリカ国内の景気に左右されながらも，年に60隻から70隻ほどとなっている．年間訪問者数の推移は，データを欠く年が多いが，平均値でみると年間13万人あまり，となっている．

この訪問客を迎えて，年におよそ100人ほどが ISP に雇用されている．雇用期間は，クルーズ観光の始まる５月初旬頃から，シーズンの終わる９月初旬頃までの，およそ４カ月間である．コミュニティの人口は，2011年に753人であった．

たとえば，2011年には，100人ほどの季節雇用者に対して，ISP は総額220万ドルを給与として支払っている．ISP には10人前後の通年雇用者がいるもようだが，試みに，この総額を100人で除すと，一人当たり２万2,000ドルになる．ISP には多様な職種があるため，この数値は参考までのものである（HTH, July 2011：p. 3）．

この給与総額220万ドルを含む ISP の収入の内訳については，財務資料が入手できていないため，詳細は不明である．ただし，収入はアイシー・ストレイト・ポイントにおける飲食などとクルーズ船運行会社との契約に

表7－2　アイシー・ストレイト・ポイントISPへの寄港客船数・訪問者数およびISPでの雇用者数の推移

	寄港客船数[1]	訪問者数	雇用者数
2004年	32	－	100
2005	36	－	－
2006	71	130,000	125
2007	80	160,000	119[3]
2008	58	128,000	－
2009	69	134,000	more than 100
2010	64	130,625	more than 100
2011	73	－	more than 100
2012	63	－	approximately 100
2013	69[2]	－	approximately 100
2014	－	－	approximately 100
10 years total (2004-2013)	615	1,348,032	－

資料：各年のSUおよびHTHによる.
注：1）「寄港客船数」は，ISP（2015）による.
2）「－」は，資料を欠くものである.
3）フーナ・コミュニティ居住者についての数値である.

よるポート・チャージ（港費；一般的には，入出港にともなう諸費用であるが，ISPの場合には，客船とアイシー・ストレイト・ポイント間の旅客送迎費用も含む）などである.

また，雇用の特性であるが，これも多少の変動はあるが，2006年を例にとると「フーナ・コミュニティからの地元雇用率が90％で，アラスカ先住民の雇用率は86％であった（ただし，最大雇用者数122人についての数値である；引用者)」(HTH, October 2006：p. 1).

さらに，この観光業によるフーナ市の財政収入への寄与が110万ドルあり，これは市収入全体の30％である，という（HTH, July 2011：p. 3).

この110万ドルは，アラスカ州政府からの税の移転によるものである. 同州では，2007財政年度から「商業旅客船消費税Commercial Passenger Vessel Excise Tax」が徴収されており，そのうちから各寄港地に旅客一人あたり5ドルが配分されている.

制度変更が行われた2012財政年度以降の消費税額は，原則的に乗客１人あたり34.5ドルである(ただし，ジュノーとケチカン Ketchikan 寄港旅客に対しては49.5ドル（HTT, June 2010：p.３）)．

そして，上記のフーナ市への配分総額は，2012財政年度には63万6,000ドルへと減少している（DCCED, 2014：p.３）．

また，市の財政収支の資料も入手できていないため，その詳細も不明であるが，2009年 ISP からの売上税収入は，32万7,000ドルであった（HTH, September 2009：p.１）．

以上の雇用への貢献以外にも，HTC は ANCSA にもとづく基金を有しており，投資会社を通じた投資活動を行い，収益の機会としている．観光業とは直接関係しないが，これも参考までに記しておきたい．HTC は，フーナ・コミュニティを中心とした先住民のひとびとを株主として設立された．一人当たりの株式保有数は100（固定）であり，基金からの収益は，この株式保有数に比例して配分されるので，一人当たり配当額に差はない．

具体的な配当額であるが，2002年の配当総額が70万6,000ドルで，2014年は112万3,000ドルであった．この配当額も景気変動に大きく左右されざるをえないが，2014年でみると，株主一人当たりおよそ1,965ドルであった(SU, January 2003：p.１；HTH，March 2015：p.11)．

（２）　文化の継承を図りつつ「自文化の発信」に努めるツーリズム

HTC は寄港地開発が本格化する以前から，「先住民文化の継承とその発信」に積極的に努めてきた．たとえば，1999年には「フーナ・トーテム・コーポレーションとホランド・アメリカ・ライン Holland America Line は，グレイシャー・ベイに入るすべての客船にフーナ・トリンギット・文化伝承ガイド Huna Tlingit Cultural Heritage Guide を乗船させることによって，乗客の経験値を高めるという検討を始めた．まもなく，合意がえられ契約が交わされた．そして，2000年に，今日アラスカ先住民の声

Alaska Native Voiceとして知られるものが誕生した」(HTH, December 2013：p. 6).

このような試みは，その後も継続され，船上だけではなく，コミュニティの対岸にあるグレイシャー・ベイ・ロッジGlacier Bay Lodge（グレイシャー・ベイ国立公園内の宿泊施設；国立公園局の所有で，管理は外部に委託される）や客船が寄港するようになったアイシー・ストレイト・ポイントにおいても行われるようになった.

船上での仕事は，具体的には「プログラムの二人（James Jack, Sr.とCarolyn Martin）は，2004年の１年間で92日のプレゼンテーションをおこなう」というもので，「2005年には111日を予定している」(SU, July 2005：p. 1).

これらの「語り部」のプレゼンテーションは，過去何世紀にもわたってくらし続けたグレイシャー・ベイがフーナ・トリンギット族にとってもつ文化的重要性や伝承について語られる部分（半時間ほど）とその後の小グループの乗客とのディスカッションや質疑応答からなっている(HTH, October 2006：p. 2).

「語り部」と呼ぶべきひとびとがこの仕事を担当しているが，HTCはこの人材育成にも努めている.

(3) 経営について

大型クルーズ船の寄港地となり，寄港地であり続けるということは，その寄港地が他にはない魅力を備え，その魅力をたえず磨き続けなければならない，ということである. 氷河地形と豊かな野生動物を含めた自然条件にも恵まれ，ISPは2004年の開業以来10年以上を経た. この間の経営上の努力についても，記しておきたい.

開業以前の2003年には，どのような観光事業を行うのか，について，あまり具体的であった，とはいいにくい.

たとえば，当時のHTC議長chairmanであったアルバート・ディックAlbert Dickは「われわれは，南東アラスカのどこでもみることのできるというわけではない独自のアラスカ先住民体験を提供する」「フーナは文化，歴史，野生および美しさに富んでいる」「訪問客は，1930年代に引き戻され，缶詰製造工程の歴史をみることになる．また，観光客は，ウィルダネス（原生自然）へのツアー，釣り，サケのグリルや買い物を楽しむことができる」としていた．この時点では，具体的な観光事業の内容がすべて確立されていた，とは考えにくい（SU, June 2003：p.2）．

ただし，この時点でもひとつだけ明確なことがあった．2004年当時のCEO・ワイソッキWysockiは，つぎのように述べていた；
「われわれの訪問客は，フーナとアラスカ先住民に関する独自の視点を求めている」「かれらはアラスカ先住民と話がしたいのであって，カリフォルニア州から来た（アルバイトの；引用者）大学生と話したいわけではない．かれらは，われわれの歴史，文化，生活様式やならわしについての一次情報を欲するであろう」（SU, April 2004：p.1）．このような判断が，その後も経営方針として貫かれてきている．

2005年には，観光事業として「12以上の陸上の小旅行－（海岸での；引用者）海釣りから氷河の飛行機による遊覧観光まで，また，リノベーションを終えた缶詰工場から先住民のひとびとによる舞踏演技や物語りまで」が挙げられている（SU, April 2005：p.1）．

つまり，観光開発に関する経営上の一貫した姿勢があり，それはジュノーやその他の都市型寄港地にはない，民族性に依拠したものが基本となっている，ということである．同時に，他の観光地との競合上，多様な訪問客の必要性にも応じなければならない．そのために，新規の娯楽施設の導入も図られてきている．

たとえば，2007年には，あらたにジップ・ライダーZip Riderと呼ばれる，木材搬送用のワイヤーのようなものを滑車で滑り降りる施設がアイシー・ストレイト・ポイントの山側斜面に設置された．落差1,300 feet（およそ390

m)，飛行行程5,330 feet（約1,600 m)，最大速度時速60 mile（ほぼ100 km）である（HTH, February 2007：p. 1）.

また，経営上の努力は，収益の機会を増やすためのさまざまな取り組みにもみられる．たとえば，2011年には，ジップ・ライダーの着地点にある記念写真売り場において，即時渡しの写真にしたところ，60%のひとが申し込むようになった，という．また，この着地点に新規の酒と料理を両方だすことのできるグリルを兼ねたバーBar & Grill も開業した（HTH, July 2011：p. 1）.

以上のような努力の成果もみられる．たとえば，2007年にはISP はアメリカ合衆国商工会議所から小企業活動ブルーリボン賞 Blue Ribbon Small Business Award に選定された．

2008年には，「よりよき世界への旅」賞“Travel to a Better World” award（旅行業協会 Travel Industry Association とナショナル・ジオグラフィック・トラベラー誌主催）も受賞している．受賞の理由は「ISP が固有の文化またはコミュニティの持続可能性に努力している」というものであった（HTH, May 2007：p. 1；HTH, December 2008：p. 1）.

さらに，2007年にはアラスカ州政府・商務省の旅行業助言支援プログラム Tourism Mentorship Assistance Program に参加することになり，先住民企業のアスナ地域会社 Athna Native Regional Corporation が観光業に新規参入するのを支援することになった（HTH, February 2007：p. 3）.

しかしながら，これらの成果は1日にして得られるものではなく，日々の努力の積み重ねが，そのような成果の背後にはある．新たなスタッフ教育もそのひとつで，2011年には，ISP の接客スタッフは，トリンギット語で自己紹介をすることができるよう訓練された．その他，伝統的な織物技術や，伝承されてきている物語りの教育を受けているものもいる（HTH, September 2011：p. 1）.

HTC による観光開発が順調であることの一端は，大型クルーズ船が接岸できる浮き桟橋が，2015年秋に完成予定であることからも分かる．総工費は，2,370万ドルである．さきにフーナ市が，連邦政府助成金を求めていくという意思表示をした，と述べた．その成果が，アラスカ州政府からフーナ市への助成金1,440万ドルであり，この助成金も建設に用いられる．総工費の残額はHTCが拠出することになった．本施設の最終的な持ち分は，出資比率に応じて，市側65％対HTC35％ほどになる，という．ただし，HTCの最終的な出資額は不明である（HTH, March 2015：p.1；HTH，September 2015：p.3）．

この浮き桟橋建設費用のうち，アラスカ州政府からフーナ市への助成金1,440万ドルは，商業旅客船消費税の導入にともなって新設された「商業旅客消費税関連立法府助成金 CPV-Related Legislative Grants」を原資としている（DCCED, 2014：p.6）．

この桟橋が完成し供用が開始される2016年5月からは，従来のように，沖合に停泊したクルーズ船とアイシー・ストレイト・ポイントとの間を中小型船で往復して訪問客を誘導する必要がなくなる．

第4節　おわりに

本章で明らかになったことは，以下の点である．

まず，フーナ・トーテム・コーポレーションが2004年に開始した大型クルーズ船寄港地開発は，10年を経て安定期に入りつつある．年々の受け入れ旅客数はおよそ13万人にのぼり，この運営によって年に100人ほどの地元雇用が生まれている．その平均賃金は2万2,000ドル（5月初旬から9月初旬までの4カ月）である．

また，この観光業によるフーナ市の財政収入への寄与が2012財政年度に63万6,000ドルあった．

2015年秋には，大型クルーズ船が着船可能な新たな浮き桟橋が完成し，2016年のシーズンから供用開始となる予定である．

以上の観光開発では，トリンギット族の伝統・文化を活かした観光客への対応が熱心に取り組まれている．かつ，コミュニティ，およびトリンギット族のひとびとの優先的な雇用が図られている．

しかしながら，フーナ・コミュニティの人口は，2000年に860人であったものが，2005年・818人，2010年・760人，2011年・753人へと，この10年ほどで100人以上減少している（JEDC, 2012：p.25）．

この10年余取り組まれてきた観光開発が成功し，安定期に入った，といってよい状況があるにもかかわらず，残念ながら，コミュニティの人口減少に歯止めはかかっていない現状がある．

資料

［1］ DCCED : Department of Commerce, Community, and Economic Development (2014) Commercial Passenger Vessel Excise Tax : Community Needs, Priorities, Shared Revenue, and Expenditures.
https://www.commerce.alaska.gov/web/Porals/6/TourismResearch/00%20CPV%20Report%20FINAL.pdf［Accessed Nov. 2, 2015］

［2］ SU : Huna Totem Corporation, Shareholder Update, January 2002－November 2005.

［3］ HTH : Huna Totem Corporation, Huna Totem Headlines, February 2006－March 2015. 以上の２件；
http://www.hunatotem.com/shareholder-relations/newsletter［Accessed Dec. 19, 2012 and August 7, 2015］(ただし，December, 2012 以降の HTH).

［4］ ISP : Icy Strait Point (2015) Our History
http://www.icystraitpoint.com/AboutUs/History［Accessed Aug. 7, 2015］

［5］ JEDC : Juneau Economic Development Council (2012) The 2012 Juneau & Southeast Alaska Economic Indicators, 51.

終章　まとめにかえて

自然の「保護」と「保全」という考え方の成立の経緯は，アメリカ合衆国においては，西部開拓の西進にともなう原生自然の破壊に，その源流を求めることができる．森林を含め，その貴重な自然が損なわれていくことに危機感をいだいたひとびとは，その無条件の「保護」を是とした．他方で，森林資源の持続的な利用を可能とするために，森林の再生産を保証する森林管理を旨とする「保全」の考え方を重視する立場も生まれた．

アメリカ合衆国の場合，19世紀末頃までには，西部開拓は終焉を迎えた．そして，20世紀の初め頃までには，ジョン・ミューアとギフォード・ピンショの二人を代表とする自然保護と保全の考え方が，明確に区別できるようになった．その経緯については，本文中に詳述した．

イエローストーン国立公園の制定をはじめとした自然保護政策は，それが人間の営みと大きく干渉しないかぎり社会に受け容れられる．しかしながら，たとえば，新規に国立公園を予定するような地域に，すでに何万年も前から住みつづけてきたひとびとがいて，そのひとびとのくらしが，保護政策によって大きく損なわれるとしたら，どうであろうか．本書で考えてみたかった点は，そのような利害が厳しく対立するような状況で，「保護」派と「保全」派の二つの立場につねに明確な境界を設定することは容易ではない，ということであった．そのため，両者には，少なからず協調可能な妥協点が存在し，そのことを議論することが，自然のむやみな開発を防ぐためにも重要であるし，また，可能である，ということであった．とくに，自然の保護や保全を重視するひとびとが，商品生産者 commodity producers の利益優先の考え方に対抗することが必要な場合には，このことは重要である．

温帯雨林に属する南東アラスカにおいて，樹木の成長は緩やかである．通常の伐採まで，80年から100年を要するといわれる．しかし，そのことが木目の細やかで良質な木材を保証してくれる．他方，そのことは，森林管理における再生産が長期にわたることをも意味し，持続可能な森林管理には100年を想定しなければならない，ということになる．日本で「孫のために植林する」といわれることが，南東アラスカでは「ひ孫，あるいは玄孫のために」ということになる．それゆえ，持続可能な森林管理には，日本に比して，その2倍ほど，あるいはそれ以上の森林面積を必要とすることになる．

このような厳しい条件下において1950年代以降行われてきた森林開発は，自然保護派のひとびとからさまざまな反対にあってきた．当時，原生林の伐採は皆伐を主とし，島々の海岸近くの，伐採および搬出が容易な場所からまず行われることになった．その結果，景観が損なわれることになった．とりわけ，フェリーや大型旅客船で航行するひとびとや小型飛行機で移動するひとびとにそのような伐採跡地が目につきやすく，批判を招くことにもなった．

さらには，伐採時に，取り付け道路のコスト削減のため，サケなどの遡上する河川が木材の搬出に利用されたため，上流域でサケの産卵ができなくなる，といった事態も起こった．そのことは同時に，森林の伐採による土壌表面からの土砂の流亡をもたらし，そのような河川の劣化に拍車をかける結果となった．

さらにまた，森林はオグロジカなど野生動物の生息域でもあり，森林の伐採はその生態にも，さらには，コミュニティの自給自足的な狩猟にも影響をおよぼすことになった．

自然保護派のひとびとの森林開発への反対は，以上のような状況に対してのものであった.

他方で，国策として1950年代から本格化したトンガス国有林におけるパルプ生産および木材輸出は，南東アラスカにおける新たな雇用を生む機会となった. 木材の伐採，搬出，パルプ生産工場および製材工場などにおける雇用がそれであった.

たとえば，南東アラスカにおける木材生産関連の総雇用者数は，1989年に3,516人と最大となった. ちなみに，南東アラスカの人口は2015年で約7万4,000人ほどである. その雇用者数は，木材生産をめぐる保護政策が進み，かつ他方でその経済環境が悪化する中で，2006年には421人へと大幅に減少した[1)].

自然保護派のひとびとの森林開発反対によって，森林伐採による景観の劣化を守るために，ヘリコプターによる択伐が行われるようにもなった. また，国有林を中心として播種・植林が実施され，二次林の重視が強まった.

しかしながら，森林開発を緩やかなものにしたのは，私有林であれ，国有林であれ，なによりもその開発コストの高さであった. 旧48州における木材生産に比べれば，その伐採・搬出コストおよび消費地までの搬送コストは相対的に高く，政府の経済的な優遇策がなければ，そもそも実現しにくい開発であった.

さらに，1990年トンガス林業改革法 Tongass Timber Reform Act や1997年トンガス森林計画 Tongass Forest Plan などによって，国有林の保全政策が強化されたことも，このコスト上昇に大きな影響をおよぼした.

以上の点と，環境保護庁 Environmental Protection Agency に求められたパルプ生産工場の排水・排煙対策の費用負担に耐えられず，結局パルプ生産企業はアラスカから退出することになった.

このような雇用の喪失を埋めるべく取り組まれたのが，たとえば，フーナ・トーテム・コーポレーションにおける観光開発であった. この観光開発はこれまでのところうまく機能しており，フーナ・コミュニティのひとびとの季節雇用（5月から9月初め頃）に貢献している．それにもかかわらず，コミュニティの人口は減少し続けているのが現状である．他のコミュニティの中には，小学校が成立しなくなっていくところが少なくない，という．社会的なインフラストラクチャーが少しずつ損なわれていく社会の姿がそこにはある．

所得の少なくない部分が，政府などからの所得の移転によっている現状がある（Cerveny (2007)：p.20参照）．

また，自給自足的な生活についても，これまでは狩猟や漁労に出られないひとびとへの配慮がコミュニティ単位でみれば可能であったが，それも長期的にどうなるか，楽観できる材料が多いとはいえない[2)]．

1950年代からの開発にともなって損なわれた森林を，今後どのように再生し，利用していくのか，が南東アラスカにおける森林管理の重要な課題となっている．現状としては，二次林の利用計画も含め，さまざまな取り組みが行われつつある[3)]．

注

1）USDA Forest Service Region 10 (2008), *Timber Supply and Demand : 2006 Alaska National Interest Lands Conservation Act Section 706(a) Report to Congress Report Number 22*, Table A-2による．
https://www.fs.usda.gov/Internet/FSE_DOCUMENTS/fsbdev2.037707.pdf
[Accessed Nov. 18, 2017]

2）たとえば，自給的な狩猟・漁労とコミュニティ内の配分について；
「(コミュニティ内の親族関係のネットワークを通じて，自給的な食料が配分される，という；引用者)証拠としては，アラスカのほとんどの小規模な田舎の自給自足に依存するコミュニティでは，およそ30%の世帯が，その野生動植物の食料 wild foods の70%を収穫している(Wolfe, 1987)．もし分析を野生動植物の一種類だけ，たとえば，サケやアザラシに限定すれば，収穫の特化 specialization はしばしばより顕著である．本報告書の調査によれば，20%の世帯がコミュニティ全体の80%を収穫し，他方で，50%が収穫しない，ということがまれなことではないことが分かる」（Magdanz, James S., Eric Trigg, Austin Ahmasuk, Peter Nanouk, David S. Koster, and Kurk R. Kamletz (2005) *Patterns and Trends in Subsistence Salmon Harvests, Norton Sound and Port Clarence, 1994-2003,* Division of Subsis-

tence, Alaska Department of Fish and Game, Technical Paper No. 294, p.4).

3）環境保護団体などによる，フーナ・コミュニティを中心とした地域における自給自足的な資源の保全も考慮した森林再生計画として，つぎのような報告書がある；
Christensen, Bob (SEAWEAD) and Erika Bjorum (SEACC) (2008) The Hoonah Community Forest Project Community-based Resilient Landscape Design A report by South Alaska Conservation Council (SEACC). (SEAWEAD : Southeast Alaska Wilderness Exploration, Analysis and Discovery)
https://seawead.org/wp-content/uploads/2017/09/HCF_final_web.pdf［Accessed Nov. 2017］
　また，同様のプロジェクトであるが，森林局やアラスカ州の担当部局を中心としたトンガス国有林のコミュニティ単位での再生計画として，つぎのような報告書がある；
Staney Community Forestry Project, Final Report, August 10, 2010. www.staneycreek.org［Accessed Nov. 2017］
　Participants (Appendix A p.1) 抄
　Alaska Department of Fish and Game
　Alaska Department of Natural Resources, Division of Forestry
　POW (Prince of Wales) Conservation League
　The Wilderness Society
　USDA Forest Science Laboratory, Pacific Northwest Station
　USDA Forest Service
　University of Alaska Fairbanks
以上.

　また，これは熱帯雨林を対象とした提案であるが，井上民二は「熱帯林を保全しながら，地域住民がくらしていけるようにする地域開発計画と，その計画に対する先進国の政府，市民の積極的なコミット」が必要であるとし，その「地域開発計画には，以下のゾーンが適切に配置される必要がある」としている．そのゾーニングには；

「(1)自然保護地域　人間の出入りを最小限にして，研究を含めいかなる利用もおこなわない．
(2)国立公園　研究，エコツアーなど，情報をとりだしたり，楽しんだりするゾーン．
(3)非木材利用地域　樹木の伐採などによって森林の骨格構造を変えないような利用．薬草やロタン，ハンティングなど，狩猟採集段階までの利用を許す．
(4)集約利用地域　木材，果物，薬草，一部焼き畑など，生物資源の生産を行う．
(5)生産工場－居住地域　森林から得た材料を加工することで付加価値を高めた

製品を生産する．抽出した遺伝子や木材を利用した木彫などの芸術作品もこの“製品”に入る．また，居住地域には，この地域で働く人々の住居とともに研究者や芸術家，エコツアー客など，すべての訪問者の滞在用の施設も含む」五つが挙げられている（井上民二（1998）『生命の宝庫・熱帯雨林』日本放送出版協会，pp.194-197）．

参考文献一覧

第1章

第1節

エマソン，ラルフ・ウォルド（斎藤光訳）（1996）『エマソン名著選　自然について』日本教文社，（改装新版）.
エマソン，ラルフ・ウォルド（伊東奈美子訳）（2009）『自己信頼』海と月社.
加藤則芳（1999）『ジョン・ミューアトレイルを行く』平凡社.
加藤則芳（2012）『森の聖者』山と渓谷社.
上岡克己（編著）（2016）『世界を変えた森の思想家』研究社.
クロノン，ウィリアム（佐野敏行・藤田真理子訳）（1995）『変貌する大地』勁草書房.
ジェルダード，リチャード（編著）（澤西康史訳）（1995）『エマソン入門』日本教文社.
ソロー，H.D.（飯田実訳）（1995）『森の生活』（上・下　全2冊）岩波書店.
仲正昌樹（2015）『プラグマティズム入門講義』作品社.
ミューア，ジョン（岡島成行訳）（1993）『はじめてのシエラの夏』宝島社.
ミューア，ジョン著（熊谷鉱司訳）（1994）『1000マイルウォーク　緑へ』立風書房.
ミューア，ジョン（小林勇次訳）（1994）『山の博物誌』立風書房.

Albanese, Catherine L. (1990) *Nature Religion in America*, the University of Chicago Press.
Badè, William Frederic (1924) *The Life and Letters of John Muir*, originally published in 1924 by Houghton Mifflin Company, and Illustrated Edition, Dodo Press (www.dodopress.co.uk), (on demand) December, 2016.
Cohen, Michael P. (1984) *The Pathless Way John Muir and American Wilderness*, the University of Wisconsin Press, Ltd..
Cronon, William (ed.) (1997a) *John Muir Nature Writings*, The Library of America.
Cronon, William (1997b) Chronology. In William Cronon (ed.), *John Muir Nature Writings*, The Library of America, pp.835-849.
Cronon, William (1997c) The Trouble with Wilderness : Or, Getting Back to the Wrong Nature. In Miller, Char and Hal Rothman (eds.), *Out of the Woods*, University of Pittsburgh Press, Pittsburgh, Pa., pp.28-50.
Muir, John (1875) *Living Glaciers of California*, originally published in November 1875 in *Harper's Monthly*. In William Cronon (ed.), *John Muir Nature Writings*, The Library of America, 1997, pp.618-628.
Muir, John (1876) God's First Temples How Shall We Preserve Our Forests?, *Sacramento Daily Union*, February 5, 1876. In William Cronon (ed.), *John Muir Nature Writings*, The Library of America, 1997, pp.629-633.

Muir, John (1901) The American Forests. In William Cronon (ed.), *Our National Parks* (1901), In William Cronon (ed.), *John Muir Nature Writings*, The Library of America, 1997, pp.701-720.

Muir, John (1902) The Grand Cañon of the Colorado, *Century Magazine*, November 1902. In William Cronon (ed.), *John Muir Nature Writings*, The Library of America, 1997, pp.790-809.

Muir, John (1911) *My First Summer in the Sierra*, originally published in 1911 by Houghton Mufflin Company, Boston and New York, Dover Publications, Inc., Mineola, New York, 2004.

Muir, John (1912) Hetch Hetchy Valley, *The Yosemite*, The Century Co., New York, 1912. In William Cronon (ed.), *John Muir Nature Writings*, The Library of America, 1997, pp.810-817.

Muir, John (1913) *The Story of My Boyhood and Youth*, originally published by Houghton Mifflin Company, 1913. In William Cronon (ed.), *John Muir Nature Writings*, The Library of America, 1997, pp.1-146.

Muir, John (1915) *Travels in Alaska*, originally published by Houghton Mifflin Company, 1915, reprinted on demand in 2016.

Muir, John (edited by William Frederic Badè) (1916) *A Thousand-mile Walk to the Gulf*, originally published by Houghton Mifflin Company, 1916, reprinted by Createspace Independent Publishing Platform ; Annotated Edition (Amazon), January 12, 2016.

Muir, John (1916) *A Thousand-Mile Walk to the Gulf*, originally published by Houghton Mifflin Company, 1916, reprinted on demand in 2016.

Sierra Club, Henry David Thoreau ;
http://vault.sierraclub.org/john_muir_exhibit/people/thoreau.aspx [Accessed May 25, 2017]

Tallmadge, John (1997) *Meeting the Tree of Life*, University of Utah Press, Salt Lake City.

Young, Samuel Hall (1915) *Alaska Days with John Muir*, originally published by Fleming H. Revell Company : New York, 1915, reprinted by Jefferson Publishing, 2015.

Wolfe, Linnie Marsh (1945) *Son of the Wilderness The life of John Muir*, the University of Wisconsin Press, 2003 printed version.

第１章

第２節

ハーゼル，カール（山縣光昌訳）（1996）『森が語るドイツの歴史』築地書館.

Drummond, Henry (1883) *Natural Law in the Spiritual World*, originally published by James Pott, 12, Astor Place, Broadway, New York, 1883, reprinted by Merchant Books, 2015.

Harold K. Steen, *The U.S. Forest Service　A History*, Forest History Society in association with University of Washington Press, 2004 (Centennial Edition), p.26 の脚注：26 Stat. 1095.

Larmer, Paul (ed.) (2004) *Give and Take*, High Country News Book.

McGeary, M. Nelson (1960) *Gifford Pinchot　Forester-Politician*, Princeton University Press, Princeton, New Jersey.

Miller, Char (2001) *Gifford Pinchot and the Making of Modern Environmentalism*, Island Press.

Pinchot, Gifford (1910) *The Fight for Conservation*, Doubleday, Page & Company, 1910, reprinted by Kessinger Publishing, 2009　www.kessinger.net.

Rakestraw, Lawrence (1981) *A History of the United States Forest Service in Alaska*, reprinted by the USDA Forest Service.

Robinson, Glen O. (1975) *The Forest Service　A Study in Public Land Management*, Resources for the Future, Inc..

Steen, Harold K. (ed.) (2001) *The Conservation Diaries of Gifford Pinchot*, Forest History Society, Pinchot Institute for Conservation.

Vig, Norman J. and Michael E. Kraft (1997) *Environmental Policy in the 1990s* third edition, Congressional Quarterly Inc..

Williams, Gerald W. and Char Miller, 'At the Creation', *Forest History Today*, Spring/Fall 2005, pp.32-42.
www.foresthistory.org/publications/FHT/FHTSpringFall2005/FHT2005_NatlForstComm.pdf ［Accessed Aug. 9, 2016］

第１章

第３節

久末弥生（2011）『アメリカの国立公園法』北海道大学出版会.

森下直紀「ダム・ディベート」，立命館大学大学院　先端総合学研究科『Core Ethics』Vol. 6，2010，pp.437-449.

レオポルド，アルド（新島義昭訳）（1997）『野生のうたが聞こえる』講談社.

'Boston's Arnold Arboretum：A Place for Study and Recreation', 'Reading 2：Olmsted's Views on Parks'.
www.nps.gov/nr/twhp/wwwlps/lessons/56arnold/56arnold.htm ［Accessed Dec. 9, 2016］

Cawley, R. McGreggor (1993) *Federal Land, Western Anger*, University Press of Kansas.

Dana, Samuel Trask and Sally K. Fairfax (1980) *Forest and Range Policy Second Edition*, McGraw-Hill Book Company.

Davis, Charles (ed.) (1997) *Western Public Lands and Environmental Politics*, Westview Press.

Dasmann, Raymond F. (2002) *Called by the Wild*, University of California Press.

Grinnell, George Bird (1995) *Alaska 1899　Essays from the Harriman Expedition*, the University of Washington Press.

Harvey, Mark (2005) *Wilderness Forever　Howard Zahniser and the Path to the Wilderness Act*, University of Washington Press, Seattle and London, 2005.

Henderson, Henry L. and Davis B. Woolner (eds.) (2005) *FDR and the Environment*, Palgrave Macmillan.

Jones, Holway R. (1965) *John Muir and the Sierra Club　The Battle for Yosemite*, Sierra Club, 1965.

Muhn, James and Hanson R. Stuart (1988) *Opportunity and Challenge　The Story of BLM*, U.S. Department of the Interior, Bureau of Land Management, U.S. Government Printing Office.

Muhn, James (1992) Early Administration of the Forest Reserve Act : Interior Department and General Land Office Policies, 1891-1897. In Harold K. Steen (ed.), *The Origins of the National Forest : A Centennial Symposium*, Forest History Society Durham, North Carolina, 1992.
論文はhttp://www.foresthistory.org/Publications/Books/Origins_National_Forests/［Accessed Jul. 15, 2017］

Nash, Roderick Frazier (1967) *Wilderness and the American Mind*, Yale University Press, First Edition in 1967. Fifth Edition in 2014.

Pinchot, Gifford (1899) *A Primer of Forestry Part I- The Forest, Bulletin 24*, Division of Forestry, U.S. Department of Agriculture, Second Edition, 1900 (First Edition 1899).

Pinchot, Gifford (1947) *Breaking New Ground*, Harcourt, Brace and Company Inc., 1947.

Righter, Robert W. (2005) *The Battle over Hetch Hetchy : America's Most Controversial Dam and the Birth of Modern Environmentalism*, Oxford University Press, 2005.

Russell, Jesse and Ronald Cohn, *Charles Sprague Sargent*, LENNEX Corp, 2012. www.pubmix.com

Sierra Club, Timeline of the ongoing battle over hetch hetchy.

http://vault.sierraclub.org/ca/hetchhetchy/timeline.asp [Accessed Dec. 15, 2016], p.2/7.

Sutter, Paul S. (2002) *Driven Wild*, University of Washington Press, Seattle and London, 2005.

Turner, James Morton (2012) *The Promise of Wilderness*, the University of Washington Press.

Turner, Tom (2009) *Roadless Rules*, Island Press.

第２章

阿部珠理（2005）『アメリカ先住民』角川書店.

伊藤太一『(1993) アメリカの森林環境保全の黎明』京都大学農学部.

星野道夫（1991）『旅をする木』文藝春秋.

星野道夫（1998）『イニュニック　アラスカの原野を旅する』新潮社.

原ひろ子（1989）『ヘヤー・インディアンとその世界』平凡社.

原ひろ子（1989）『極北のインディアン』中央公論社.

新田次郎（1980）『アラスカ物語』新潮社.

野村勇（1977）『北アメリカ林業の展望』林業経済研究所.

村嶌由直（編）（1998）『アメリカ林業と環境問題』日本経済評論社.

明治大学アラスカ学術調査団（1961）『アラスカ』古今書院.

Alaska Native Foundation (1976) *Alaska Native Land Claims*, Alaska Native Foundation, printed by Graphic Arts Center, Portland, Oregon.

Allen, June (compiled) and Patricia Charles (ed.) (1992) *Spirit ! Historic Ketchikan, Alaska*, Lind Printing for Historic Ketchikan, Inc..

Berger, Thomas R. (1985) *Village Journey The Report of the Alaska Native Review Commission*, Hill and Wang.

Berry, Mary Clay (1975) *The Alaska Pipeline*, Indiana University Press.

Canby Jr., William C. (2009) *American Indian Law*, West A Thompson Reuters Business.

Case, David S. and David A. Voluck (2002) *Alaska Natives and American Laws Third Edition*, University of Alaska Press.

Canby, Jr., William C. (2009) *American Indian Law, 5th edition*, West Publishing.

Castile, George Pierre and Robert L. Bee (eds.) (1992) *State and Reservation*, the University of Arizona Press.

Deloria, Jr., Vine (ed.) (2002) *The Indian Reorganization Act Congresses and Bills*, the University of Oklahoma Press.

Fixico, Donald L. (1986) *Termination and Relocation Federal Indian Policy 1945*

-1960, University of New Mexico Press.

Frantz, Klaus (1999) *Indian Reservations in the United States*, the University of Chicago Press.

Goldschmidt, Walter R. and Theodore H. Haas (1946) *Haa Aaní Our Land Tlingit and Haida Land Rights and Use*, University of Washington Press, 1998, first published in 1946 titled as "*Possessory Rights of the Natives of Southeastern Alaska*".

Institute for Government Research (Brookings Institution) (1928) *The Problem of Indian Administration Report of a Survey made at the request of Honorable Hubert Work, Secretary of the Interior, and submitted to him, February 21, 1928*, The Johns Hopkins Press.

Jones, Richard S. (1981) Alaska Native Claims Settlement Act of 1971 (Public Law 92-203) : History and Analysis together with subsequent Amendments (revision of CRS Report No. 72-209 GGR, 1972).

Mackovjak, James (2010) *Tongass Timber*, Forest History Society.

McClanahan, Alexandra J. and Hallie L. Bissett (1996) *Na'eda Our Friends*, the CIRI Foundation.

McCormick, Anita Louise (1996) *Native Americans and the Reservation*, Enslow Publishers, Inc..

McNabb, Steven (1992) Native Claims in Alaska : A Twenty-year Review, Etudes/Inuit/Studies, 16(1-2) : pp.85-95.

Mitchel, Donald Craig (2001) *Take My Land Take My Life*, University of Alaska Press.

Morehouse, Thomas A. (ed.) (1984) *Alaskan Resources Development Issues of the 1980s*, Westview Press Inc..

Nathan Brooks (2005) The Alaska Land Transfer Acceleration Act : Background and Summary, CRS Report, The Library of Congress.

Otis, D.S. (1934) *The Daws Act and the Allotment of Indian Lands*, originally published in 1934, University of Oklahoma Press, 1973.

Philp, Kenneth R. (1977) *John Collier's Crusade for Indian Reform 1920-1954*, The University of Arizona Press.

Ross, Ken (2000) *Environmental Conflict in Alaska*, the University Press of Colorado.

Rusco, Elmer R. (2000) *A Fateful Time*, University of Nebraska Press.

Skinner, Ramona Ellen (1997) *Alaska Native Policy in the Twentieth Century*, Garland Publishing Inc..

Shands, William E. and Robert G. Healy (1977) *The Lnads Nobody Wanted policy*

for national forests in the eastern United States, the Conservation Foundation.
Stern, Theodore (1966) *The Klamath Tribe*, University of Washington Press.
Taylor, Graham D. (1980) *The New Deal and American Indian Tribalism the Administration of the Indian Reorganization Act, 1935-45*, University of Nebraska Press.
Tyler, S. Lyman. (1973) *A History of Indian Policy*, originally published in 1973, University Press of the Pacific, 2001.
Ulrich, Roberta (2012) *American Indian Nations from Termination to Restoration, 1953-2006*, University of Nebraska Press.

第3章

奥田郁夫(2012)「アラスカ先住民の corporation 方式による土地所有権の確立過程について」『農林業問題研究』48(1), pp.35-40.
奥田郁夫（2014）「アラスカにおける土地配分と「自然保護」をめぐる対立の10年」名古屋市立大学大学院　芸術工学研究科編『芸術工学への誘い』18, pp. 3 -10.

Arnold, Robert D. (ed.) (1976), Alaska Native Land Claims, the Alaska Native Foundation.
Cerveny, Lee K. (2007), Sociocultural Effects of Tourism in Hoonah, Alaska, United States Department of Agriculture, Forest Service, Pacific Northwest Research Station.
Colt, S. (1991), Financial Performance of Native Regional Corporations. In Alaska Review of Social and Economic Conditions, Volume XXVlll, No. 2, University of Alaska, Anchorage, Institute of Social and Economic Research.
Durbin, Kathie (1999), Tongass Pulp Politics and the Fight for the Alaska Rain Forest, Oregon State University.
Huna Totem Corporation (2009), Huna Totem Headlines. http://www.hunatotem.com/shareholder-relations/newsletter [Accessed December 19, 2012]
Fair, Susan W. and Rosita Worl (eds.) (2000) *Celebration 2000*, Sealaska Heritage Foundation.
Knapp, Gunnar (1992), Native Timber Harvests in Southeast Alaska, United States Department of Agriculture, Forest Service, Pacific Northwest Research Station.
Meriam, Lewis, Ray A. Brown, Henry Roe Cloud, Edward Everett Dale, Emma Duke, Herbert R. Edwards, Fayette Avery McKenzie, Mary Louise Mark, W. Carson Ryan, Jr., William J. Spillman (1928), The Problem of Indian Administration, Johns Hopkins Press.

Public Law 99-514－OCT. 22, 1986 : An Act to reform revenue laws of the United States (Tax Reform Act of 1986).
Thomson, L. (1988), Balancing Profit and Protection. In the Juneau Empire, Alaska History and Cultural Studies－Between Worlds.
http://www.akhistorycourse.org/articles/article.php?artID＝354 ［Accessed January 22, 2013］

第 4 章

大田伊久雄（2000）『アメリカ国有林管理の史的展開』京都大学出版会.
柿澤宏昭（2000）『エコシステムマネジメント』築地書館.

Berger, Thomas R. (1985) *Village Journey The Report of the Alaska Native Review Commission*, Hill and Wang.
Durbin, Kathie (1999) *Tongass Pulp Politics and the Fight for the Alaska Rain Forest*, Oregon State University Press.
Nelson, Daniel (2004) *Northern Landscape The Struggle for Wilderness Alaska*, Resources for the Future.

第 5 章

奥田郁夫(2011)「1990年代アラスカ州トンガス国有林保全政策に関する一考察」『農林業問題研究』47(1), pp.35-40.
奥田郁夫(2012)「アラスカ先住民の corporation 方式による土地所有権の確立過程について」『農林業問題研究』48(1), pp.35-40.
奥田郁夫（2014）「アラスカにおける土地配分と（自然保護）をめぐる対立の10年－ANCSA of 1971から ANILCA of 1980に至る期間を中心に－」. 名古屋市立大学大学院芸術工学研究科編『芸術工学への誘い』18, pp. 3 -10.

Knapp, Gunnar (1992) *Native Timber Harvests in Southeast Alaska*. United States Department of Agriculture (USDA), Forest Service, Pacific Northwest Research Station, General Technical Report PNW-GTR-284.

第 6 章

星野道夫（2000）『ノーザンライツ』新潮社.
山岡克己（2002）『アメリカの国立公園』築地書館.

Alaska Geographic Society (1981) *Alaska National Interest Lands The d-2 lands*. Alaska Geographic, Vol. 8, No. 4.

Allin, Claig W. (1982) *The Politics of Wilderness Preservation*. University of Alaska Press, Fairbanks.

Brinkley, Douglas (2011) *The Quiet World Saving Alaska's Wilderness Kingdom 1879-1960*, HarperCollins.

Cahn, Robert (1982) *The Fight to Save Wild Alaska*. Audubon Society.

Catton, Theodore (1997) *Inhabited Wilderness*, University of New Mexico Press.

Grabinska, Kariona (1983) Excerpts from History of Events Leading to the Passage of the Alaska Native Claims Settlement Act. Tanana Chiefs Conference, Inc..

Harpers Ferry Center, National Park Service (1991) *The National Parks : Shaping the System*.

Harvey, Mark W.T. (2005) *Wilderness Forever Howard Zahniser and the Path to the Wilderness Act*. University of Washington Press.

Kaufman, Polly Welts (1998) *National Parks and the Woman's Voice*. University of New Mexico Press.

Nelson, Daniel (2004) *Northern Landscapes The Struggle for Wilderness Alaska*. Resources for the Future.

Norris, Frank B. (2015) *Alaska subsistence*, Reprints from the collection of the University of Michigan Library.

Runte, Alfred (2012) *National Parks The American Experience* (4th edition), Taylor Trade Publishing.

Sumner, Sandi (2005) *Women Pilots of Alaska*. McFarland & Company, Inc., Publishers.

Sutter, Paul S. (2002) *Driven Wild*. University of Washington Press.

Willis, G. Frank (1985) *Do Things Right the First Time : Administrative History The National Park Service and Alaska National Interest Lands Conservation Act of 1980*. (www.nps.gov/) [Accessed in October, 2011].

Zaslowsky, Dyan and Watkins, Tom H. (1994) *These American Lands*. Island Press.

第７章

奥田郁夫（2015）「1980年代南東アラスカ・先住民企業の木材生産と持続可能な森林管理」『農林業問題研究』51(1), pp.56-61.

Cerveny, Lee K. (2007) Sociocultural Effects of Tourism in Hoonah, Alaska, USDA, FS, Pacific Northwest Research Station, General Technical Report, PNW-GTR-734.
http://www.fs.fed.us/pnw/pubs/pnw_gtr734.pdf [Accessed Dec. 19, 2012]

あとがき

アラスカ州の州都ジュノーJuneauの船着き場から，ロープウェイでロバート山Mt. Robertsに上がると，向かいのダグラス島Douglas Islandとの海峡を出入りする大型旅客船を見ることができる．運がよければ，空にハクトウワシBald Eagleが舞う姿も見ることができ，ジュノーは，今日では，行政の中心地であるとともに，自然と景観を対象とした観光の町ともなっている．

歴史をたどると，アラスカの都市の多くがそうであるように，ジュノーもまた19世紀末の金鉱山開発によって生まれた．

そして，鉱山開発以前には，ロシア人などによるラッコなどの毛皮の買い付けや，サケ漁をはじめとした漁業がこの南東アラスカを支えてきた．また，そのことが先住民と外部からのひとびととの間の対立をもたらしもした．

フランクリン通りFranklin St.に面したホテルの向かいには，今も，日本人Fukuyamaという人が経営していたクリーニング店の記憶が「1930 Juneau Laundry」という壁面の文字に残されている．

ジュノー・ダグラス市立博物館Juneau Douglas City Museumの展示品として，このクリーニング店で，大恐慌期1930年代後半に働くことになった日系二世・シアトル出身のIsamu “Sam” Taguchiの記録写真が残されている．Taguchiさんは，1942年にアイダホ州にあったミニドカ強制収容所Minidoka Relocation campに収容されたが，戦後に再びジュノーにもどって，Shonosuke Tanakaの「City Café」を1982年まで経営したという．

また，フランクリン通りには，フィリピン人・コミュニティホールFilipino Community Hall（Renovated 1983）がある．フィリピンはじめ，日本を含むアジア諸国からは，19世紀後半頃から，サケの缶詰生産などをおもな目的とした出稼ぎ移民が多く南東アラスカにやってきた．そして，アラスカ先住民のひとびとも同様の仕事に従事することになった．

その後に，本書で扱った連邦政府およびアラスカ先住民のひとびとによる森林資源開発の歴史が続くことになった．

ジュノーJuneau City and boroughの人口は2010年で３万1,275人，うち，「White alone」２万2,575人，「American Indian and Alaska Native alone」4,009人，「Asian alone」2,332人，「Hispanic or Latino（of any race)」2,048人などとなっており，今日の人口構成に，以上のような一次資源開発にまつわる歴史が反映されることになった（https://factfinder.census.gov/faces/nav/jsf/pages/community_facts.xhtml?src＝bkmk［Accessed Feb. 21, 2018］）．

すなわち，アラスカの歴史はアメリカ合衆国の歴史の縮図である，といえよう．本書は，アラスカを事例とした，環境保護・保全を中心としたアメリカ合衆国史の試みである．

第３章に関しては，つぎの方々に，貴重な時間を割いて，聞き取り調査および資料の収集にご協力いただきました；

Ms. Eva V. Bornstein : Juneau Economic Development Council, Program Officer/

Ms. Chelly Wright : Southeast Conference, Executive Director/

Mr. Kyle Moselle : State of Alaska, Department of Natural Resources, Large Project Coordinator/

Ms. Maeghan Kearney : Alaska State Library, Government Publications Librarian/

（ただし，2013年８月現在の所属・職階である．）

また，第５章に関しても，つぎの方々のご協力を得ました．

Forest Service, Alaska Region（2012年８月23日）；

Mr. Ray Massey (coordinator): External Affairs/Mr. Bob Vermillion: Forest Products Group Leader/Mr. Don Martin: Regional Aquatic & Fish Program Leader/Mr. Bill Tremblay: Developed Recreation Manager/

Sealaska Corporation（2012年８月24日）；

Mr. Ron Wolfe；Natural Resource Manager/

（ただし，2012年８月現在の所属・職階である．）

以上の方々に，心からお礼を申し上げます．

本書の各章の初出一覧は，つぎのようである．ただし，全体の調整に必要な若干の修整を施した以外には手を加えていない．また，第１章は，書き下ろした．

第２章

奥田郁夫（2012）「アラスカ先住民の corporation 方式による土地所有権の確立過程について－ANCSA of 1971の成立までを中心に－」『農林業問題研究』48(1)，pp.35-40.

第３章

奥田郁夫（2015）「1980年代南東アラスカ・先住民企業の木材生産と持続可能な森林管理」『農林業問題研究』51(1)，pp.56-61.

第４章

奥田郁夫（2011）「1990年代アラスカ州トンガス国有林保全政策に関する一考察－1990年トンガス林業改革法および1997年トンガス森林計画を中心に－」『農林業問題研究』47(1)，pp.35-40.

第５章

奥田郁夫（2014）「2000年代南東アラスカ木材生産の縮小と持続可能な森林管理」『農林業問題研究』第49(4)，pp.13-18.

第６章

奥田郁夫（2014）「アラスカにおける土地配分と「自然保護」をめぐる対立の10年」名古屋市立大学大学院　芸術工学研究科編『芸術工学への誘い』18，pp. 3 -10.

第７章

奥田郁夫（2016）「グレイシャー・ベイにおけるフーナ・トーテム・コーポレーションの観光開発について」名古屋市立大学大学院　芸術工学研究科編『芸術工学への誘い』21，pp.19-25.

また，本書に関する南東アラスカにおける調査活動などについては，2011年度学術研究助成基金助成金（基盤研究(C)）（23580307）に負っている．

最後になりましたが，出版が困難な時代にもかかわらず，本書の発行を引き受けて下さった農林統計協会および編集の労をとって下さった山本博様に，心からお礼を申し上げます．

2018年10月10日

奥田郁夫

著者紹介

奥田郁夫（おくだ・いくお）
1953年生まれ
京都大学大学院農学研究科　博士課程修了　博士（農学）
現在　名古屋市立大学大学院芸術工学研究科　教授
専攻　環境経済論

主な業績

『農業労働災害と補償制度』（単著，農林統計協会，1989年）

「リスク・マネジメントにもとづく環境規制政策の現状と課題－アメリカ合衆国・環境保護庁を事例として－」（共著『生活環境向上のための　研究報告書 Vol. 6　2003』㈶日比科学技術振興財団，2004年，pp.79-94）

「森林の保全とエゾシカの保護管理の両立をめざして」（共著『芸術工学への誘いXIII』岐阜新聞社，2009年，pp.79-96）

索　引

（五十音順）

〔人名索引〕

〔事項索引〕

南東（なんとう）アラスカ先住民（せんじゅうみん）のくらしと生態系（せいたいけい）の保全（ほぜん）

2018年10月24日　印刷
2018年10月31日　発行　©　　定価は表紙カバーに表示しています。
著　者　奥田（おくだ）　郁夫（いくお）
発行者　磯部　義治
発　行　一般財団法人 農林統計協会
〒153-0064　東京都目黒区下目黒３－９－13　目黒・炭やビル
http://www.aafs.or.jp
電話　普及部　03-3492-2987
　　　編集部　03-3492-2950
振替　00190-5-70255

Lives of the Southeast Alaska Natives and Ecological Conservation

PRINTED IN JAPAN 2018

落丁・乱丁本はお取り替えいたします。　　印刷　昭和情報プロセス株式会社
ISBN978-4-541-04267-5　C3022